mBotで
ものづくりを
はじめよう

Rick Schertle、Andrew Carle 著
倉本 大資、若林 健一 訳

mBot for Makers

Rick Schertle
Andrew Carle

謝辞

私の人生を発見と創造の嵐にしてくれた娘Annika、そして私がその混乱の中で焦点とバランスを見つける手助けをしてくれた素晴らしいパートナーであるJodi Kittleに、愛と感謝を表します。私をChadwick Internationalに招待してくれたShelly Willieに感謝します。これは、すべてのmBotプロジェクトで革新的な精神が輝いているGary Donahueとのコラボレーションという素晴らしい喜びをもたらしてくれました。Sylvia MartinezとGary StagerによるConstructing Modern Knowledge Pressは、私と子供をコンピューターの強力な歴史につなげてくれただけでなく、幸運にもJosh Burker、Jaymes Dec、Angi Chau、Karen Blumberg、そしてBrian C. SmithJoshを含む、同僚や友人と呼べるMaker教育における素晴らしい仲間たちにもつなげてくれました。

Andrew

私の人生のすべてにおいて、妻Angieと子供たち（KellyとMicah）は常に楽しさ、励まし、そしてインスピレーションを与えてくれます。私はあなたたちをとても愛しています！ 子供の頃、傍で一緒に仕事をし、その過程で学べるようにしてくれた私の父、Billに感謝します。私が担当しているカリフォルニア州サンノゼにあるSteindorf K–8 STEAM Schoolのスタッフチーム、そして素晴らしい学生と保護者のみなさんに感謝します。本を執筆している間、新しい公立学校を始めるのは大変なことです。専門知識を共有しキリのない質問に冷静に耐えてくれた、Andrewの熱意に感謝します。生涯のMakerとして過去10年間、私が好きな、作ること、教えることをするための多くの機会をMaker Mediaから与えていただきました。本当にありがとうございます！

Rick

はじめに

Arduinoは、デザイナー、アーティスト、およびミュージシャンが安価なAtmel 8ビットマイクロコントローラーの機能を利用するためのツールとして有名になりました。Arduinoは、多くの分野の深いスキルを持つ人々が自分のアイデアを実現することを可能にしました。必要なのは、組み込み機器を扱うためのたくさんのスキルを習得することではなく、「プログラミングをすこし」学ぶことだけでした。

その使命は過去10年間で成功をおさめ、最小限のスキルで若い人たちをArduinoの「小さなプログラミング」の世界につなげることができる新しいツールの需要を生み出しました。

過去5年間で、子供たちに優しいプログラミングとロボット工学のツールが爆発的に増えました。何十ものキットやボードを使った結果、私たちはmBotに深い感銘を受けました。しかし、テクノロジーの選択肢が増えても、提供されるチュートリアルや紹介資料は、教室、Makerspace、およびクラブでの使い方に合っていませんでした。私たちは、学校のクラスのような大きなグループでmBotを使用する際のアドバイスと、いくつかのプロジェクトの手順を提供する本のニーズを見つけたのです。mBotを使えば、初心者でも基本の車型mBotから触り始めることができ、インスピレーションが生まれたときにはより高度な機能を使ったり、新しい部品を加えてカスタマイズができます。まったくの初心者から経験豊富なMakerまでが快適にものづくりできるようにするmBotの柔軟性は、教室やコミュニティグループにとってとても重要です。

中国の深センを拠点とするMakeblockは、子供向けロボットキット市場のキープレイヤーとして浮上しています。mBotは最も安価で最も広く入手可能で（Amazonや彼らのウェブサイトである*www.makeblock.com*から直接購入することができます。日本での入手法はxiiページを参照）、世界中で何十万も販売されています。mBotとmBotで利用可能な多くのアドオンパーツはよく設計されていて、高品質の材料で作られていますが、テクニカルサポートとドキュメントが不足しています。Makeblockのウェブサイトには、アクティブなフォーラムとユーザーコミュニティがありますが、情報が入り混ざっていて、見つけにくくなっています。私たちは、この類の初めてのこの本が、高品質の製品と多くのユーザーとの間を橋渡しできることを願っています。

2016年の夏、RickとAndrewは、ふたりの友人であるAngie Chauが率いるパロアルトのCastilleja Schoolで行われたDesign Do Discover（D3）会議のコーチとして出会いました。

RickはMakeblockのmBot Kickstarterキャンペーンの最初のサポーターでした。彼は立ち上げを手伝っていた、近所のMakerspaceのために5台のmBotを購入しました。基本キットが手頃な価格だったので、数年後にK-8 Maker Labを運営する予定の新しい学校用にさらに20台のmBotを購入しました。それらのmBotはMaker Labのカリキュラムの中心となるでしょう。

Andrewはいくつかの分解されたmBotとともにD3にやって来て、さまざまなクリエイティブな用途のためにmCoreを使っていました。Andrewが教えていた韓国では、彼のK-8 Schoolにほぼすべての学年で使われた100以上のmBotがありました。

mBotについてもっと詳しく知りたい、教室や学校での使用に合わせて拡張する能力についてもっと知りたいというRickの望みは、Andrewがやってきたことと完全に一致していました。Facebook Messengerの会話はタイムゾーンを越えて始まり、この本は太平洋を越えたコラボレーションの成果なのです。この本はmBotのドキュメンテーションに起因する多くの課題を解決し、教室や学校でのmBotの利用を拡大するための時間を節約して、すぐに使えるクリエイティブなプロジェクトのアイデアを提供してくれるでしょう。

目次

日本語版刊行にあたって

本書はRick Schertle、Andrew Carle著『mBot for Makers』(Maker Media刊、2017年)を日本語訳したもので、原則的には原著の内容を尊重して翻訳されています。

ただし、原著の『mBot for Makers』では、PC用プログラミングツールとしてmBlock3を使ってプログラム例が作られているのに対して、日本語版ではmBlock5の使用を前提にプログラム例を書き換えています。

mBlock3とmBlock5の違い

mBlock3は、Scratch 2.0をベースにmBotを制御するためのブロックを追加して作られたMakeblock社のプログラミングツールです。

mBot用のブロックはパレットの「ロボット」カテゴリーに入っており、すべてのスプライトで利用できるようになっています。

一方、mBlock5はScratch3.0をベースにスプライトとは別にデバイスが選べるようになっており、選んだデバイスごとに利用可能なブロックが表示されます。

つまり、mBotを動かすためにはデバイスリストから「mBot」を選ぶ必要があり、mBotが選択されている時だけmBot用のブロックが表示され、別のデバイスやスプライトが選択されている時はmBot用のブロックはパレットの中に表示されません。

これは、Scratchにおいてステージが選択されている時にはパレットの「動き」の中のブロックが表示されないのに似ています。
Scratchのステージは動かすことができないので、ステージを選んでいる時には「動き」の中のブロックが表示されないようになっています。

このようにデバイスやスプライトごとに利用可能なブロックを変えることでブロックの誤用を防ぐことができますし、どのデバイスに対してどのブロックが使えるのかが分かりやすくなります。

mBot以外にもCodey RockyやHaloCodeなどMakeblock社のデバイスが増えていることも、Makeblock社がこのような方式に変えた一因であると思います。

わかりやすくなった一方で、制御プログラムを作る上で工夫が必要になったところもあります。

たとえば「調べる」カテゴリーの「()キーが押された」ブロックは、スプライト以外では使うことができません。

PCのキー操作によって動くプログラムを作る場合には、キー入力をスプライト側で受け取って、それをデバイスに通知するという方法を取らなければなりません。

本書の中のプログラム例でも、そのような方法が取られています。

そのため、プログラム例を原著から書き換えなければならなかった箇所が多数ありました。

たとえるなら、mBlock3は自由度が高いC言語のようなプログラミングツールで、mBlock5はオブジェクト指向の考え方が取り入れられたモダンな言語に近いと言えます。

一概にどちらが良いというのは難しく、それぞれにメリット・デメリットはあります。

Makeblock社の製品がプログラミング初学者向けであることを考えれば、mBlock5のアプローチは正常進化と言えるでしょう。

mBlock 5、mBlock 3は以下のウェブページからダウンロードできます。

http://www.mblock.cc/mblock-software/

mBlock3での接続について

mBlock3を使ってmBotと接続する方法は、293ページにまとめていますので、mBlock3を利用される方は、こちらをご参照ください。

日本でのmBotの入手方法

mBotの基本キット、アドオンパーツは、以下で取り扱っています。

［**家電量販店**］ ※一部取り扱いのない店舗もあります。

- ヨドバシカメラ
- ビックカメラ
- ヤマダ電機
- ケーズデンキ
- エディオン
- Joshin（上新電機）
- ベイシア電器
- イオンリテール
- ノジマ電気

［**オンラインショップ**］

- SoftBank SELECTIONオンラインショップ（*https://www.softbankselection.jp/cart/*）
- Amazon（*https://www.amazon.co.jp/*）
- J-Robo（*https://www.j-robo.jp/*）

本書で紹介しているプロジェクトを試すには、mBot基本キットのほか、それぞれのプロジェクトに必要なアドオンパーツが必要です。アドオンパーツは、アドオンパックにも一部が含まれていますが、単体でも購入できます（パーツを単体で購入したい場合は、オンラインショップが便利です）。

［**アドオンパックの種類**］

- Interactive Light & Sound：mBotと組み合わせ、「光追跡ロボット」「サソリロボ」「スマートデスクライト」を組み立てられる。
- Servo Pack：mBotと組み合わせ、「ダンシングキャットロボ」「首振りキャットロボ」「ライティングキャットロボ」を組み立てられる。
- Six-legged Robot：mBotと組み合わせ、「ビートルロボ」「カマキリロボ」「カエルロボ」を組み立てられる。

mBotを教室へ

mBotには、箱から出したときから子供と大人を魅了する多くの機能があります。しかし、mBotの本当の力は、心臓部であるArduinoベースのmCoreマイコンボード[*1]とMakeblockプラットフォームのセンサーやアクチュエーターにあります。これらのコンポーネントは、mBotをただのクリスマスプレゼントから学びの道具に変え、mBotで「やることがなくなった」人のためにたくさんの可能性を提供します。

1-1 箱から出してみよう

みなさんが持つmBotのイメージは、アルミニウム製のボディと頑丈な部品を備えたかわいいロボットではないでしょうか。mBotは量販店やオンラインショップで購入できます。mBotの骨組み、ホイール、モーター、コントローラー、およびセンサーは、同梱のドライバーを使って約30分で組み立てることができます。小さな子供でも、キットに入っている簡単な説明書に沿って使うこともできますが、本書ではmBotをさらに詳しく説明していきます。

訳注*1　以下、本文中ではmCoreと呼びます。

図1-1 | 組み立てた状態のmBot

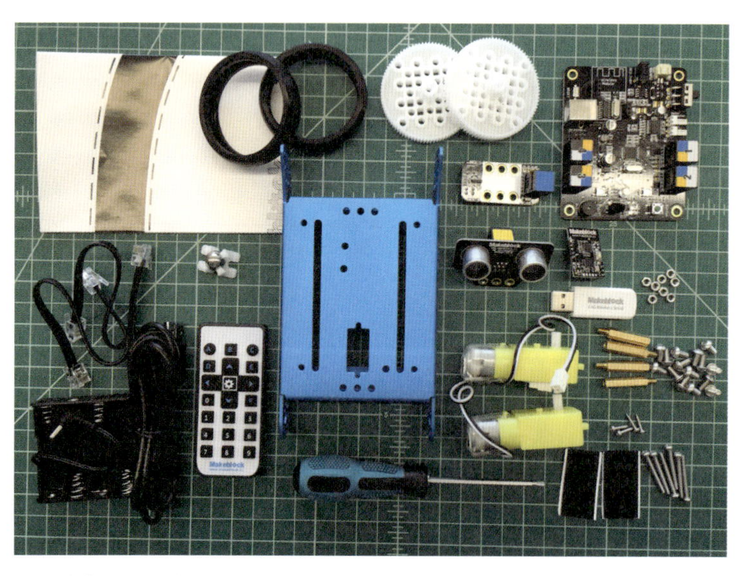

図1-2 | 箱から取り出したmBotの部品

1-2 骨組みにモーターとホイールを取り付ける

頑丈なアルミの骨組みにmBotを取り付けます。次の部品を確認したら組み立ててみましょう。

［部品］

- □骨組み、M3×25ねじ：4
- □M3ナット：4
- □モーター：2
- □ホイール：2
- □M2.2×9タッピングねじ
- □タイヤ：2

ねじの種類について

部品リストには、ボルトとねじの部品の名前がアルファベットと数字の組み合わせで表示されていて、すこしわかりにくいかもしれません。それぞれの意味を見ていきましょう。

- M3×25のMはメトリックの略です。メトリックねじは1947年に設立された国際標準化団体で初めて標準化された部品の1つでした。
- Mの右側の数字は、ねじ部の直径です。
- ×の後の数字は、ねじ部の長さをミリメートル単位で表したものです。
- 図1-3と図1-4に示すねじはM4×8です。直径4mm（図1-3）、長さ8mm（図1-4）です。
- メトリックねじには、六角レンチまたはプラスドライバーを使用します。

図1-3 | ねじの直径を計る

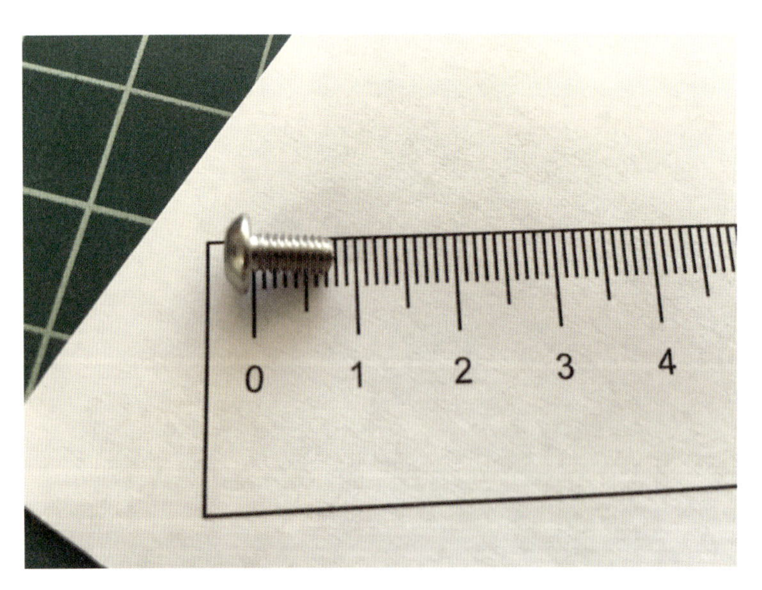

図1-4 | ねじの長さを計る

さまざまな種類のメトリックねじ、ナット、ワッシャー(図1-5のようなもの)をAmazonで購入することができます。この本のプロジェクトの多くは、これらのいろいろな長さのねじを使います。Makeblockの大きなアルミ製ビーム[*2]と部品には、すべてM4ねじを使用しています。骨組みは、M3ねじとブラススタッドを使用し、タイヤはM2.2ねじで固定します。

図1-5 | たくさんの部品

[手順]

1. モーターの穴と骨組みの穴を合わせ、M3×25ねじを差し込みます。最後にM3ナットを締め、空回りしないよう固定します。

訳注*2　mBotを拡張する棒状の部品

2. もう1つのモーターも同様に取り付けます。2つのモーターは同じものなので、どちらに取り付けても問題はありません。

3. モーターのケーブルを骨組みの上部に通します。

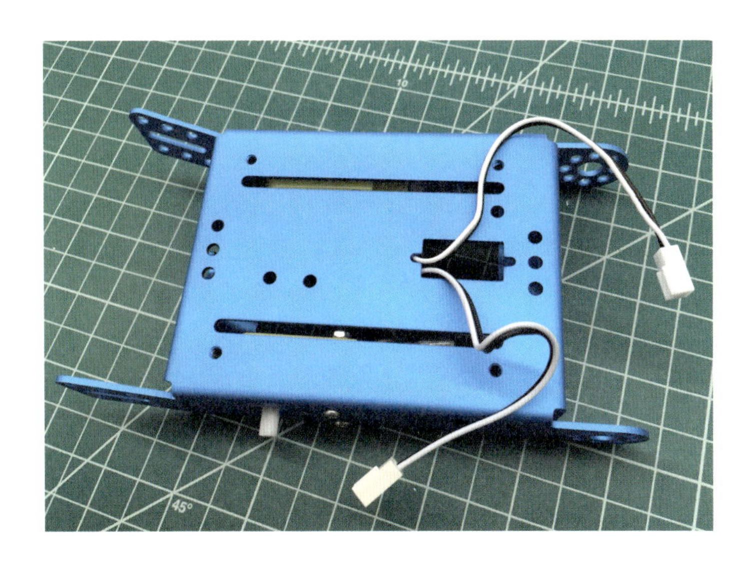

4. M2.2×9ねじで、モーターにホイールを取り付けます。ねじを締めすぎると、ねじ頭をつぶしてしまいますので、ねじが動かなくなったところで止めてください。

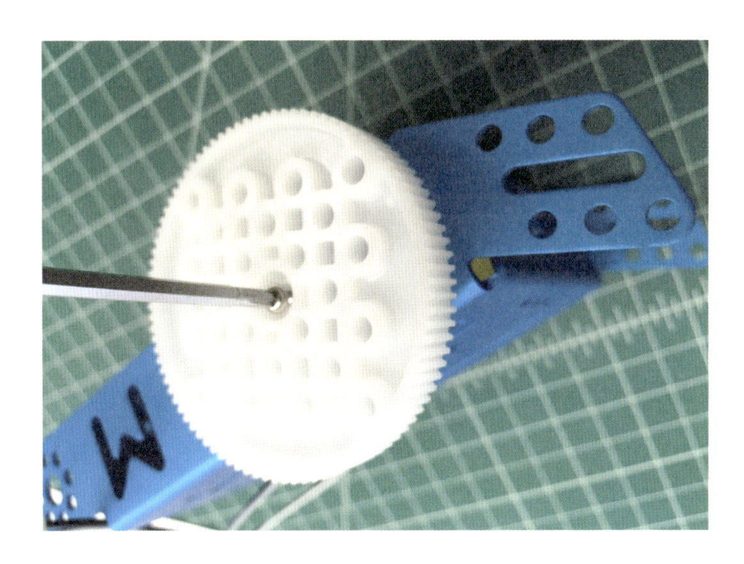

5. ホイールにゴムタイヤを取り付けます。

モーターとホイールについて

mBotの骨組みは、キットに含まれるギア付きDCモーターに合うように設計されています。キットに含まれる黄色いモーターはロボティクス分野ではよく使われるものですが、サードパーティー製のモーターとmBotフレームの間の穴の間隔や軸の深さには、正確に合わないものもあります。

Makeblockには、プラスティック製ギア用のいくつか予備の部品が入っています。ワークショップのように、多くの子供たちが一斉にmBotを使うような場合では、それらを無くさないようにあらかじめ回収して保管しておきます。

mCoreには電源回路が1つしかありません。ボード上の回路を介してマイコンとモーターポートに5Vの電源を供給します。これは、M1およびM2モーターポートに接続できるものが、5Vで動作するDCモーターまたはポンプに限られていることを意味します。他のロボットプラットフォームやArduinoボードとは異なり、mBotはモーターポートだけに電力を供給する別の電源を接続することはできません。付属のギア付きモーターが提供できるよりも多くのパワーが必要な場合は、6章「大きなものと小さなものを作ろう」の外部電源リレーを使用してmBotを拡張する方法を参照してください。

mBotの骨組みについて

Makeblockの初期の製品は、長方形のビームにねじ穴の接続点が付いた陽極酸化アルミニウム部品でした。これらのビームは、「XY Plotter」や「3D Printer」を含む、多くのMakeblock製品の中心的存在となっています。

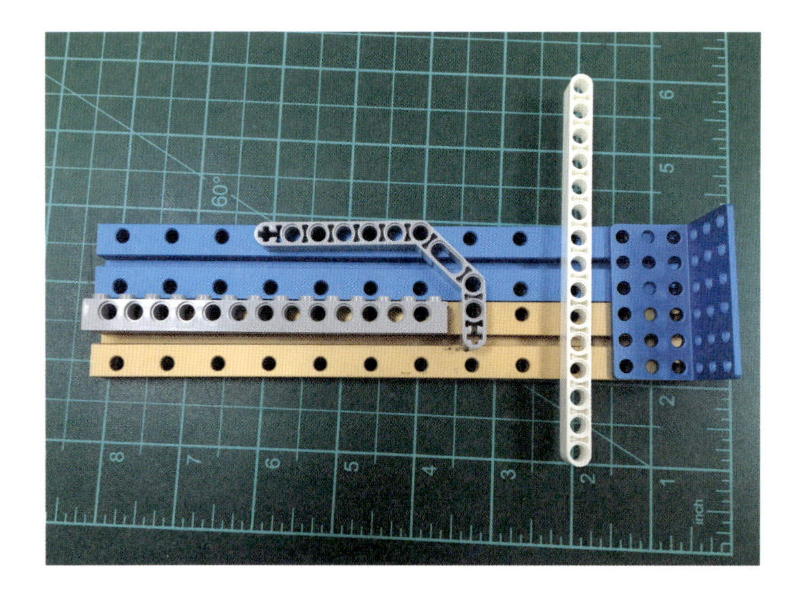

初期のMakeblock製品では、アルミニウム部品がLEGOテクニックの部品とうまく組み合わせられるように設計されていました。現在、Makeblockビームの穴はわずかに小さくなっていますが、一般的なLEGOテクニックのビームときれいに重なるように配置されています。Makeblockの穴の大きさは、直径が4mmのねじ仕様です。これらのねじに合うように、Makeblockの穴は4mmよりわずかに大きなねじ穴になっていて、LEGOテクニックの穴は4.8mmとなっています。つまり、LEGOテクニックのピンではLEGO部品にMakeblockビームを接続できませんが、標準のM4ねじとナットを使えばLEGOをMakeblock部品に固定できます。

長年にわたってMakeblockは製品ラインナップを拡大してきたため、今では簡単に接続できない製品の例がたくさんあります。その結果、現在はMakeblockは自社ハードウェアとLEGOテクニックの互換性をうたってはいません。しかし、M4の大きさはあらゆる種類の部品で採用されていて、アルミニウムの骨組みはこの伝統を受け継いでいます。

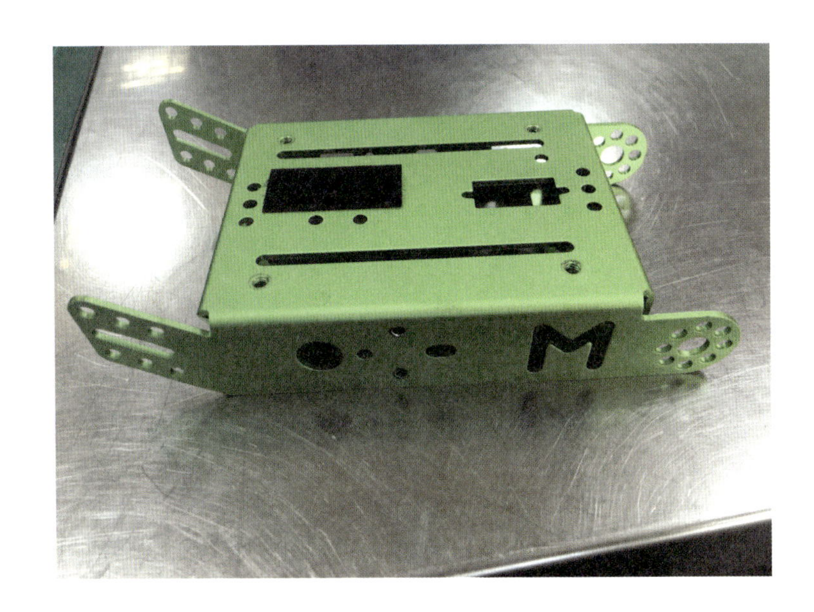

骨組みの穴の大きさはすべてM4で、ほとんどの場合LEGOテクニックに合うように間隔を空け、複数のアンカーポイントと拡張性を提供しています。mBotフレームには、M4以外のマウントポイントがいくつかあります。黄色のモーターを取り付けるためのものと、車軸のための大きな穴があります。mBotとLEGOを使用する場合は、M4×14以上の長さのねじが必要です。M4×14ねじはLEGOテクニックビームとアルミニウムのビームまたはアングル、ナット1個を通すことができます。もちろん、厚みのある部品をつなぐときには長いねじが必要になります。私たちが教室でmBotとLEGOを使うときは、長さ15〜40mmのM4ねじを5mm単位で用意しています。

1-3 センサーを取り付ける

次に、センサーを取り付けます。あなたが必要とする部分から始めましょう。

［部品］

- □超音波センサー
- □6P6C RJ25ケーブル：2
- □ライントレースセンサー
- □M4×8ねじ：4

［手順］

1. 骨組みを裏返すと、前面の下側にはローラーボールとライントレースセンサー用の穴が並んでいます。
2. 骨組みの穴はねじが切られていますので、2つのM4×8ねじをローラーボールの穴に通してねじ止めします*3。

訳注*3 現行品ではローラーボールが別の部品に変わっています。

同梱のドライバーのシャフトを引きだすと、一方は+ドライバー、もう一方は六角ドライバーになっています。

3. mBotをもう一度ひっくり返して、超音波センサーの穴をmBotの正面の穴と「スマイル」[*4]の上に並べます。これらを2本のM4×8ねじでねじ止めします。

4. RJ25ケーブルをライントレースセンサーに差し込み、骨組みの開口部にワイヤーを通します。もう1つのRJ25ケーブルを超音波センサーに接続します。

訳注*4　骨組みの前面にある、目と笑った口のような穴のこと

2章の最後の表に、接続可能な多くのセンサーについての説明、写真と、テストするためのサンプルコードが掲載されています。

1-4 電池ホルダーを取り付ける

［部品］

□電池ホルダー（単三電池4本用）

［手順］

1. 図のように、電池ホルダーのジャックをmCoreの電源コネクタに接続します。

1-5 mCoreに電池を取り付ける

［部品］

- □ mCore
- □ 骨組み
- □ M4×25ねじ
- □ ブラススタッド：4
- □ M4×8ねじ：4
- □ マジックテープ（5cm）

［手順］

1. ブラススタッドを骨組み上部の4つの穴にねじ止めします。

2. 骨組みの後部に付属のマジックテープを貼り付けます。

3. マジックテープの残りの半分を電池ホルダーの背面に貼ります。電池ホルダーの電源コードは後ろ側から出ている必要があります。

4. 図のように、電池ホルダーを骨組みに固定します。超音波センサーケーブルがmBotの右側に出るようにしてください（mBotの「スマイル」の付いている方が前です）。ライントレーサー用のケーブルと2本のモーターケーブルは、mBotの左側に引き出します。

5. 図のようにmCoreをブラススタッドの上に置き、M4×8ねじで固定します。

mCoreの詳細な説明は、この章の後の「1-12 教室へ」セクションで行います。

1-6 配線する

［部品］

ここで新たに追加する部品はありません、次の手順に従って接続していきます。

［手順］

1. mCoreを上から見た状態で、超音波センサーをポート3に接続します。
2. ライントレースセンサーをポート2に接続します。
3. mCoreの左側にある2つのモーターポートにモーターのケーブルを差し込みます。
4. 1-4でも説明したとおり電池ホルダーのジャックは、mCoreの背面にある丸い電源ポートに差し込みます。

1-7 通信機能を取り付ける

［部品］

□ Bluetoothまたは2.4G無線モジュール

mBotには標準で赤外線送受信ポートが付いています。Blutoothと2.4G無線モジュールについては購入時に選択しなければなりません[*5]。上の画像の右端がBluetoothモジュール、左の2つが2.4Gモジュール（USBドングル付き）です。どちらのモジュールも、mCore上のワイヤレスモジュールスロット（右図）に差し込みます。

それぞれの違いを見てみましょう。

› Bluetoothの長所と短所

- Bluetooth対応のタブレットまたはノートPCと簡単に接続できます。Bluetoothを使ってmBotを制御できます。

訳注＊5　日本で一般向けに販売されているのは、Bluetoothモジュール同梱モデルのみです。2.4G無線モジュールを利用する場合は、オプションの2.4G無線モジュールを購入する必要があります。また、本書で紹介するmBlock5の環境で2.4G無線接続はできなくなりました。

・1台のmBotを使うのであれば、Bluetoothのほうが良いでしょう。
・ただし、Bluetooth接続するための「ペアリング」という操作が必要なこともあり、操作方法は利用する機器によって異なります。

› 2.4G無線の長所と短所

・2.4G無線モジュールのUSBドングルを使用すれば、あらゆるPC（デスクトップPCを含む）と簡単に接続できます。
・USBドングルを使用する場合は、PCにUSBポート（Type-A）が必要です。USB-Cのコネクタを搭載したMacBookのような機種の場合は、別途変換アダプタが必要です。
・教室のように多くの子供たちが使用するときには、2.4G無線のほうが接続しやすいでしょう。子供たちはUSBドングルを挿すだけでmBotと接続しプログラミングを始められます。

Bluetoothもしくは2.4G無線モジュールを接続するには、4つのピンともう一方の3つのピンがコネクタに合うようにしてmCoreのコネクタに挿します。

1-8 接続を確認する

電源スイッチをオンにすると、LED1と2が赤、緑、青の順でブザー音とともに点灯し、その後消灯します。mCore中央付近にある(PWR)と書かれた赤いLEDと超音波センサーの背面にある小さな赤いLEDは常に点灯しています。ライントレースセンサーの両側にある2つの小さな青色のLEDは、mBotをテーブルに置いたときや指をかざしたときにも点灯します。ライントレースセンサーにも小さな赤色の電源LEDが付いています。

これらのLEDの1つ以上が点灯していない場合は、ポート2とポート3の接続を確認し、電池を確認してください。

1-9 リモコンの動作を確認する

ボタン電池(CR2025)を平らな面(+側)が見えるようにしてリモコンに入れます。リモコンをmCoreの前面にある赤外線受信器に向け、約1.2mの範囲内で使います。mBotには、リモコンで操作できる3つのプログラム(モードA、B、C)があらかじめ入っています。

モードA:リモコン制御

このモードを選択すると、低いブザー音が鳴り、mCoreの前面にある2つのLEDが白く点灯します。リモコン制御モードでは、リモコンの矢印ボタンでロボットの方向を操作し、数字ボタンでロボットの速さを調整します。1が最も遅く、9が最速になります。リモコンのボタンを押しても動作しない場

合は、モーターとの接続を確認し、mBotの電池の容量が残っているか確認してください。9を押して一番速い状態にして、矢印ボタンを押してみてください。もし左右異なる方向に動く場合は、モーターの配線が逆になっていることが考えられます。タイヤが回らないのであれば、すべてのケーブルが差し込まれていること、リモコンおよびmBotの電池の容量が残っていることを確認してください。

どちらが左のモーター?

モーターのケーブルを取り付けた1と2のコネクタの下のモーターが左のモーターです。どちらも同じモーターですが、接続するコネクタによって左右が決まります。左のモーターは、M1と書かれたコネクタに接続します。

モードB:衝突回避/超音波センサーの動作確認

このモードを選択すると、やや高いブザー音が鳴り、LEDが緑色に変わります。mBotを持ち上げた状態で、Bボタンを押してください。タイヤが回転します。超音波センサーの前で手を動かすと方向を変え、また通常の状態に戻ります。この動作にならない場合は、超音波センサーが正しく接続されていないことが考えられます。超音波センサーの背面にある赤いLEDが点灯していれば、電源は正しく接続されています。超音波センサーがmCoreのポート3と接続されていることを確認します。モードBでは、このポートだけを使用します。ケーブルが完全に差し込まれていることを確認してください。

モードC:ライントレース

このモードを選択すると、高いブザー音が鳴り、LEDが青色に変わります。このモードでは同梱のシートを使用します。印刷された8の字が上になるようにシートを開いて、mBotを黒い線の上に置きます。

mBotの電源をオンにして、Cボタンを押すと黒い線に沿って8の字に動きます。このような動作にならない場合は、ライントレースセンサーの青いLEDが点灯していること、ライントレースセンサーがポート2に接続されていることを確認します。

1-10 mBotを動かしてみよう

いよいよ、標準のmBotを使って創造的で芸術的な時間を過ごすときです。mBotフレームの前面と背面のラックには、M4のねじとナットでねじ止めするか、グルーガンを使用して、多くの材料（クラフトスティック、ボール紙、ストローなど）を追加できます。

グルーガンを使うときは、あらかじめフレームにマスキングテープを貼っておくと、フレームを傷めることなくはがすことができます。

右の写真は、mBotの前後にラックを付けたものです。

1-11 プロジェクトの例

mBotはプログラマブルなロボティクスプラットフォームですが、プログラムを変えずに赤外線リモコンを使うだけで探求できることがたくさんあります。このセクションでは、組み立てたロボットを使ってできることを紹介していきます。これらは、初めてmBotを組み立てるような人が多く参加するワークショップに最適です。子供たちは、早くロボットを動かそうと頑張って組み立てるでしょう。

このセクションでは、基本的なmBotでできることをいくつか見ていきます。ここで紹介するのは、赤外線リモコンを使ったものです。

- 自作コースの障害物競争——床に紙コップを置いたり坂道を作って障害物競争のコースを作りましょう。
  - 障害物競争で速さを競います。
  - あらかじめプログラムされた3つのモードを使って、面白い障害物競争ができます。
  - まず、モードAで操作してコーンの周りを走らせます。
  - 次に、モードCで黒い線を見つけてライントレースを開始します。
  - 最後に、迷路を通過するために、モードBの衝突回避に切り替えます。
- mBotの前または後ろにペンを取り付けて、ドローイングボットにします。
- モードCのライントレース機能で、複数のmBotでパレードを行います。2章「mBotのソフトウェアとセンサー」では、これをどのように動作させるかを、センサーを追加して自律的に動かす方法を含めて詳しく説明します。
- mBotの前と後ろに作ったラックを使って、ストローまたはブロックなどの荷物をA点からB点に移動します（対象の年齢に応じて、異なるレベルを設定します）。低学年の子供たちの場合は、ロボットが単に荷物を動かしただけでも成功と見なすことがありますが、高学年の子供たちは橋やトンネルを前進と後退の両方で移動するなどの課題をクリアしなければなりません。複数のmBotを使用している場合、チームによる競争にすることもできます。

- 課題を行うためにモノを動かすための拡張をmBotに行います。たとえば、iPadを追加してミニテレプレゼンスロボット*6を作成したり、ロボット掃除機にするなどです。

Bluetoothで PCやタブレットとmBotを接続すると、いくつか(またはたくさん)のmBotを個別に制御できます*7。Bluetoothモジュールを使用して試すことができるアイデアは次のとおりです。

- ロボット相撲——床に大きな円をテープで描いて土俵にし、相手のmBotを土俵から押し出します。
- ロボットバトル——竹串をmBotの前面に取り付け、風船を後ろに取り付けます。mBotを操作してお互いの風船を割ります。割られたほうが負け。詳しくは2章を参照してください。
- 障害物競争——子供たちが作った障害物コースを1周するレース。

訳注*6　画面に遠隔地にいる人の顔を映して、その場にいるような状態を再現するロボット。
訳注*7　赤外線リモコンでもロボットを操作できますが、他の人のリモコンにも反応してしまうため、それぞれのロボットを独立して操作させるのには向きません。

1-12 教室へ

この6年間に「子供向けエレクトロニクス」と呼ばれる分野で、マイコンボード、ロボットキットとツールに大きな変化がありました。私は教室でそれらのほぼすべてを使いました。これらの製品のいくつかはMaker教育の役に立ちましたが、教室で生徒の手に渡ったとき、ほとんどがうまくいきませんでした。私は、子供たちがScratchでのプログラミングを学び、「本当の」Arduinoに移行できる、低い床、高い天井(76ページ参照)を持つオープンプラットフォームを探していました。

Scratchをベースにして作られたmBlockは、さまざまなArduinoベースのマイコンボードのプログラムを作ることができます。

Scratchは、MITのライフロング・キンダーガーテングループによって開発された無料のビジュアルプログラミング言語です。子供から大人まで何百万人ものユーザーが使っている、親しみやすいプログラミングツールです。

Makeblockの mCoreは、mBotの頭脳となるマイコンボードであり、他の製品と同様にロボットの中心となるものです。このボードは、mBotの一部として販売されていましたが、現在ではMakeblockからとても安価に直接購入することができます[*8]。キットに含まれる骨組みやモーターがなくても、mCoreは優れた学習プラットフォームとなります。

訳注*8　日本ではAmazon、J-Roboなどのオンラインショップで購入可能(xiiページを参照)

mCoreには、Arduino UNO世代の多くのボードで使われているものと同じ、Atmel ATmega328が採用されています。一般的なArduinoのシールドレイアウトの代わりに、デジタルI/OピンとアナログI/Oピンが4つのRJ25ポートに配線されています。ボード上には、出力としてフルカラーLED、ブザー、入力としてプッシュボタン、光センサーなど、いくつかの基本コンポーネントが組み込まれています。

1-13 ボード上のコンポーネント

Makeblock製のコンポーネントは、電話線で用いられている6ピンのRJ25(または6P6Cとも呼ばれる)ポートで接続されます。コンポーネントとポートは色分けされているため、これにしたがって接続するとAT328の特定の機能を必要とするコンポーネントは正しいピンに接続されるようになっています。以下のウェブサイトでは、Makeblock製のコンポーネントの色分けを説明する素晴らしい図があります(1〜4のラベルの付いた四角形を参照)。

http://learn.makeblock.com/makeblock-orion/

白

これはI2Cポートです。Arduinoの多くのデバイスは、I2Cというシリアルプロトコルを使用します。ArduinoモードのmCoreでは、既存のArduinoライブラリを持つデバイスを利用できます。しかし、現時点ではmBlockプログラミング環境を使用してI2Cデバイスにアクセスする方法はありません。

青

青いポートをデジタルの入出力(送受信)として利用できます。他のMakeblock製品の中には、青のポートがないものがありますが、mCoreの4つのポートはすべてデジタル入出力として使用できます。

黄

ここに接続されるデバイスはすべて、単一のデジタルI/Oポートを使用します。

灰色

これはハードウェアシリアルポートです。mCore上の4つのポートには灰色がありません。これはRX/TXピンを使って行われるデータの送受信が無線モジュールに接続されているためです。

黒

アナログ入力(ArduinoのA0～A3ピン)に接続するコンポーネントはこのポートに接続します。例としては、ポテンショメーター(スライド、ノブ、またはアナログジョイスティック)のような可変抵抗の値を取得するものがあります。mBotでは、ポート3と4の黒いコネクタがアナログ入力です。

赤

mBotには赤いポートはありませんが、他のMakeblock製品にはより高い電圧(ArduinoのVin)に接続するモーターポートが赤色で表示されています。mCoreにはメインボード上に2次電源がないため、赤いポートは必要ありません。より大きなモーターをmBotで使用する方法については、6章で説明します。

mCoreでは、4つの番号付きポートはすべて白、青、黄色でマーキングされています。つまり、これらのポートではデジタルセンサーまたはI2Cデバイスのいずれかを使用できるということを意味しています。ポート3と4だけが黒色であるため、mCoreで利用できるアナログセンサーは2つまでとなります。

各ポートに対応するArduinoピン番号がRJ25ポートの後ろのボードにシルク印刷されていますので、関心があれば見てみてください。

アナログセンサーは
3と4のみ使用可能

1-14 mBotの電源を入れる

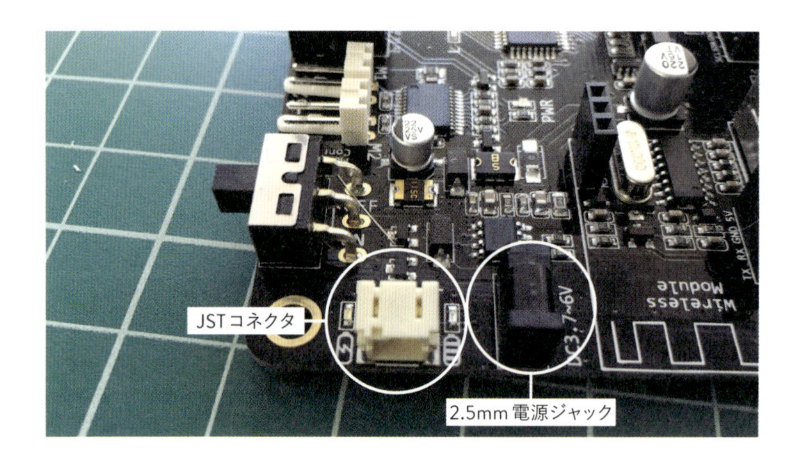

mBotの電源は、USB、2.5mm電源ジャック（DC3.7～6Vと書かれた黒い端子）、リチウムイオンバッテリー（LIB）用2ピンJSTコネクタ（2.5mm電源ジャックのとなりの白い端子）のいずれかから供給されます。

USBはほとんどの方が知っていると思います。mCoreには、プリンターなどの大型のデバイスで使われているUSB-Bポートを搭載しています。他のArduino互換ボードで使用されているミニUSBまたはマイクロUSBと比べると、USB-Bプラグはとても頑丈で壊れにくいです。壊れにくさは、子供たちが扱ううえでとても大切な要素です。USBはデータ通信用としても使用できますが、電源ポートとしても機能します。短いUSB-AまたはBケーブルを使用すると、一般的なモバイルバッテリーからmBotに長時間電力を供給できます。電源スイッチをオンにしないかぎり、USBポートに電源が接続されていてもボードは動作しません。スイッチが入っていないので当然ですが、電源を接続すると直ちに動作する一般的なArduinoボードとは異なります。

mBotには、2.5mm電源ジャックに接続する電池ホルダーが付属しています。このプラグは一般的なArduinoの3.5mm電源ジャックよりも小さく、mBotに誤って9Vバッテリーを接続してしまわないようにするためのものと思われます。

教室での利用において、JSTコネクタにはメリットとデメリットがあります。一度接続すると抜けにくいというメリットがあります。しかし子供たちがバッテリーをはずそうとするときに線を切ってしまうというデメリットもあります。充電池の着脱を毎日行うような場合であれば、JSTコネクタは1ヶ月と持たないでしょう。ありがたいことに、mCoreには充電回路が組み込まれているため、mCoreが電源に接続されているときにJSTコネクタに接続されたリチウムイオンバッテリーを充電することができます。接続されたリチウムイオンバッテリーを充電するには、USBポートまたは電源ジャックを介して電源を供給する必要があります。USB経由でリチウムイオンバッテリーを充電する場合は、他の充電式電子機器と同様に扱います。一度に1つずつPCから充電できますが、信頼性の高い1〜2AのUSB充電器を使用することをお勧めします。教室で多数のセットを扱うときには、一度に多数の電池を充電できるUSB充電器(下図)を用意しておくとよいでしょう。

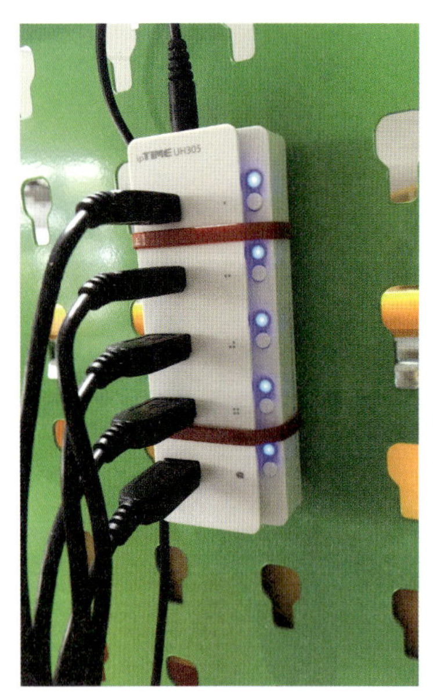

1-15 mCore上のセンサーを見てみよう

mCoreには、ボード自体にいくつかの基本コンポーネントが搭載されています。これらはすべてのセンサーを網羅するものではありませんが、標準の車型mBotの基本的な機能をサポートするものです。2章には、それらをテストするためのmBlock用コードを備えたオンボードセンサーの表があります。

以下の画像の右下から見ていきましょう*9。

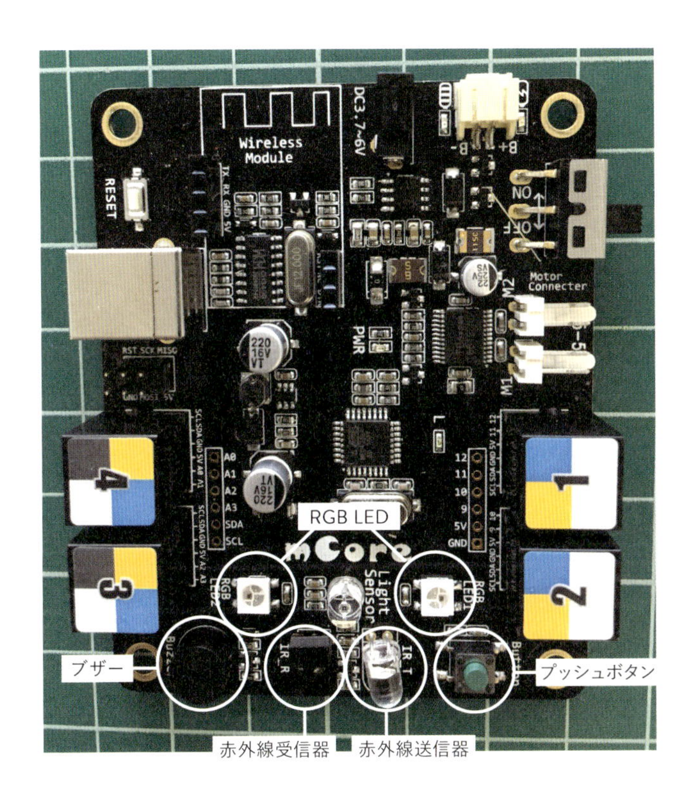

訳注*9　現在のmCoreはロゴの印刷の向きが変わっています。

ボードの右下隅にはプッシュボタンがあります。これはmBotを置いてからプログラムをスタートする必要があるプログラムには便利です。

プッシュボタンの横には、赤外線受信器と送信器があります。標準のプログラムがmCoreにロードされると、受信器は付属の赤外線リモコンからのコマンドによって動作するようになります。すべてのmBotと赤外線リモコンは同じ通信設定となっているため、複数のmBotを動作さている場合には、リモコンのコマンドを受け取ることができるすべてのmBotが影響を受けます。これは、多くのロボットを一度に一緒に動かしたい場合には便利ですが、リモコンで操作するロボット同士でサッカーをしたい子供たちには不便です。

左下にブザーがあります。Makeblockは、mCoreの起動時の音でプログラムが区別できるようになっています。これは、それほど重要な機能には見えないかもしれませんが、どのボードがどのプログラムを保持しているかがわからなくなると、教室では困ったことになります。想像してみてください、机の上にたくさんのmBotがあって、そのうちの1つにある生徒が作成したプログラムが入っているとします。Makeblockのプログラムがロードされていなければ、プログラミング環境と接続できず、エラーを調べることはできません。目的のプログラムが出す音を知っていれば、たくさんのmCoreの中から使える状態になっているものをすぐに見つけることができます。これは小さなブザーのおかげです(もちろんプログラムで音を鳴らす工夫が必要です)。

2段目にプログラム制御可能なRGB LEDが2つあります。これらのLEDは直列接続されていて、1つの信号線でmCore上のマイクロコントローラーを制御し、2つのLEDを制御できるようになっています。mCore自体には2つのLEDしかありませんが、Makeblock LEDボードやLEDストリップと同じタイプのLEDが使われています。

ここまでに説明したセンサーは、mBotの頭脳であるmCoreに組み込まれています。2章の最後の表に記載されている追加センサーは、アドオンパックで購入できます[*10]。mBotプラットフォームの強みの1つは、Makeblockパッケージの標準コンポーネントが手頃な価格で手に入ることです。ほとんどのセンサーは、RJ25ケーブルを使用してmCoreに接続できます。RJ25ケーブルは取扱いやすさの点でとても優れています。

多くの保護者の方は、子供たちに電子機器を壊された経験があるでしょう。学校の先生はさらに、施錠されているはずの学校の休憩中に、なぜか機器が壊れたり部品が無くなったりする不思議な経験をしています。先生でない方が私たちのMakerspace[*11]を訪れるとき、私の同僚Gary Donahueは、ひとりの子供でさえたくさんのLEGOを壊したり無くしたりするのに、学校の、30人、60人、120人の子供たちが扱うとどんなことになるかを想像するように伝えています。10人の子供たちにLEGOを持たせれば、あなたのリビングルームはあっというまにLEGOだらけになるでしょう。

クラブや学校でロボットを扱うプログラムを行う場合、2週目から最後の週まで同じ教材が使えるように、各授業のあとに教材を整理することが先生方の静かな戦いなのです。

1-16 部品の保管

小さな部品を保管するときは「キットごとに保管」と「部品ごとに保管」の2つの方法が考えられます。

すべてのグループが、同じ部品でほぼ同じテーマに取り組むワークショップを開催する場合は、「キットごとに保管」が適しています。Makeblockのセンサーとモーターは、プラスチック製のペンケースで

訳注*10　アドオンパックに含まれるセンサー類はオンラインショップで単体でも購入できます(xiiページ参照)。

訳注*11　ものづくりの道具がそろった工房のような場所

も保管できる程度の大きさです。小さなキットは、子供たちが整理整頓の習慣を身に付けるのにも役立ちます。たとえ部品が混ざってしまったとしても、部品ごとに色分けされた部品リストを一緒に入れておけば、整理するときの目安になります。

もうひとつは、部品の種類ごとにグループ化して保管する方法です。Makeblockの部品は、モーター、ライト、サーボモーター、各種センサーおよび外部のモーターボードに分けることができます。キットに含まれるすべてのパーツを蓋付きのケースに分類して入れておくと、必要な部品が取り出しやすくなります。このようにすることで、部品の取り忘れが発生する可能性もありますが、不要な部品を持っておく必要がないので、作業机が煩雑にならずにすむメリットもあります。すべての部品がラックに保管されていれば、生徒は必要なときに取りに行くこともできます。

1-17 プロジェクトの保管

雑な保管ほど、ロボット工学のプロジェクトをダメにするものはありません。個人であれば、プロジェクトの期間中にひとつのテーブルを用意してもらうのが良いでしょう。しかし、クラブや教室という単位では、1日に数回、別のグループのために片付けなければならず、この方法は選択できません。部品と作りかけのロボットの両方をどのように保管するかについて考えることはとても大切です。良い保管方法を導入することで、作業場所の整理によって引き起こされる混乱を最小限に抑え、次回の作業をスムーズに開始できます。

ベーシックなmBotプロジェクトの保管

mBotはとても美しい小さな段ボール箱に入っていて、積み重ねることができます[図1-6参照]。子供たちがキットの基本的なロボットのプログラミングのみを行い、ビームなどの部品やセンサーを追加しないクラスやプロジェクトでは、この箱でプロジェクトを保管していくのが良いでしょう。子供たちがmCoreをプログラミングするとき、決まったロボットを子供のグループに割り当てられるというメリットがあります。標準的な車型のmBotを使用するプログラミングプロジェクトでは、異なるグループの子供たちが同じロボットを共用できます。タブレットを使用して作成されたプログラム、またはBluetoothや2.4G無線でmBlockから送信されたプログラムは、実際にはmCore上のメモリには書き込まれません。

図1-6｜購入時にmBotが入っている箱

代わりに、タブレットまたはPC上のプログラミング環境は、無線を介して命令を送信します。mCoreをリセットすると、標準のプログラムが読み込まれ、次の子供たちが使用できるようになります。プログラムはすべてタブレットやPCに保存されています。充電済みのリチウムポリマー電池またはリチウムイオン電池を接続しておくとmBotを一日中利用できます。

組み立てたmBotの保管

子供たちがmBotに部品の追加や変更を行うと、標準の箱では保管ができません。子供たちが扱うことを考えれば、十分なスペースがあり、さまざまなセンサーや部品が使用されていてもこれらの部品をひと目で確認できることが大切です。私たちのMakerspaceでは、作りかけのロボットを保管するために深さがあって頑丈な積み重ねのできるケースを使用しています。全員が同じケースを使用することは、目に見えないメリットがあります。しかし、たくさんの同じケースを用意できるとはかぎりません。このような目的に、長い間LEGOのケースを使っていましたが、最終的にはそれよりも良いものを見つけました。IKEAのトロファストというおもちゃ用の収納ケースで、LEGOのものと同じ広さで高さがやや低く、安価で手に入れることができます。このように高さが低く、幅の広い収納ケースを使用すると、各ロボットに充電ケーブルを接続しやすくなり、収納ケースが棚に置かれていても部品を出し入れするのが容易になります。

センサーとアクチュエーターを取り付けるための簡単に取り外しできるフレームを使用すると、標準のmBotキットをより多くの子供たちで利用しやすくなります。追加する部品をひとつのユニットとして扱えるようにして、各セッションの終了時に外せるようにしておけば、次に使う子供たちのためにmBotをクリーンな状態にできます。後片付けに数分の手順を増やすだけで、1クラスぶんのmBotを学年または学校全体で利用できます。

mCoreを使ったDIYプロジェクトの保管

段ボールやクラフトスティックなどのクラフト材料を使うなど、mBotが標準のロボットよりもはるかに大きく、複雑なものになれば、新しい保管方法を考える必要があります。大きなグループで作業する場合、同じ収納ケースを使うことでおのずとプロジェクトの最大サイズが決まります。IKEAのトロファストシリーズのような同じフットプリントで、いくつかの異なる深さで耐久性のある収納ケースが便利です。子供たちがmCoreをケースに入れた状態でも、充電のためにUSBポートにアクセスできるようにする必要があります。mCoreのモーターとセンサーのポートはUSBポートに近いため、プロジェクトの期間を通してそのエリアにアクセス可能にしておく必要があります。RJ25ポートに接続するセンサーとモーターは容易に着脱可能です。長いケーブルを使う場合は、センサーとモーターをmCoreから取り外せる構造にするように子供たちにアドバイスしておきます。このように配置しておくことで、子供たちは各セッションの終了時にmCoreから部品を取り外すことができます。そして、プロジェクトを入れた収納ケースを棚に戻したときにmCoreと充電器を接続することができます。

1-18 mCoreの保護

私は子供たちとエレクトロニクスに関して、いくつかの苦い想い出があります。最悪のケースでは、部品が入ったバスケットが階段を転げ落ちたり、床に置かれたままの部品がキャスターにひかれたり、踏みつぶされたりします。LEGOは子供たちが安全に扱えるデバイスの最上位にあり、子供たちのどんな扱いにも耐えられるようになっています。組み立てられたmBotはLEGOほどではありませんが、取り扱いを改善させるいくつかの方法はあります。

mCoreの最も弱い部分は、Bluetoothまたは2.4Gモジュールを接続するワイヤレスモジュールスロットです。ワイヤレスモジュールがこのスロットに取り付けられると、ボードはUSBポートよりわずかに高くなるため、落としたときにボードが床に当たってしまいます。

コンポーネントを保護する一番良い方法は、子供たちがそれに触れる機会を減らすか、または無くすことです。mCoreのフレームやケースを検討する場合は、使用者がどのような状態でどこを持つかを考えたうえで、その部分が構造的に弱い部分から離れていることを確認して選んでください。

v1.1のmBotから、Makeblockは半透明のプラスティックカバーが同梱され、ボードとブラススタッドに直接取り付けられます。標準の車型ロボットとして使用している場合は、これらでも問題はありません。しかし、この本の中の多くのプロジェクトでは、mCoreをロボットではなくコンピューティングプラットフォームとして使用しています。そのような場合は、mCoreをロボットの骨組みから取り外して使うことが多くあります。

1-19 LEGOテクニックフレームを使う

すべてのワークショップや教室にはそれぞれのニーズがあり、それらのニーズにマッチさせる必要があります。mBotキットで作った標準の車を使うとき、骨組みとコンポーネントは安定して、子供に対する耐性があることがわかりました。mCoreと骨組みの間の隙間は、電池ホルダーまたは大容量のリチウムイオンバッテリーが入る大きさになっています。何日か子供たちが使ったあと、ロボットを持ち歩いているときに電池ホルダーが外れないよう、電池ホルダーと骨組みの間に小さなマジックテープを追加しました。

骨組みは、mBotに優れた安定性と強靭さをもたらしますが、かさばるのが難点です。Makerspaceの多くのプロジェクトは、mCoreを車のように移動させる必要のないコンピューティングプラットフォーム、またはLEGOや段ボール、その他のクラフト材料と一緒に使います。

これらのプロジェクトでは、組み立てられたmBotをアルミの骨組みに取り付けることが面倒です。しかし、骨組みに取り付ける必要性がなかったとしても、単体のmCoreにバッテリーや電源ジャックを固定するための何かは必要です。

このようなものが必要だとわかっていたので、我々はLEGOテクニックを元にフレームを開発しました。これは、LEGOブロックのデザインを参考に多くの試行錯誤を繰り返した、Chadwick Internationalの同僚のGary Donahueの努力の賜物です。このフレームは、単に使用中のmCoreを保護するだけでなく、mCoreを使う多くの人たちの可能性を広げるものです。このデザインにすることでmCoreをテーブルに直接置くことなく、LEGOまたはMakeblock部品との接続性を提供し、USBポートとセンサーポートへアクセスしやすくなりました。

図1-7 | この移動可能な棚は、1つのコンセントから最大50個のmCoreを充電し収納できます。

mCoreのクラスセットで作業するときは、できるだけ少ないLEGOビームを使用して、部屋を移動できるカートで20枚以上のボードを簡単に充電する必要があります。このフレーム[図1-7]は、そのソリューションを表しています。

次の図は、ナイロンナットとねじ、六角ナットとねじなどのすべての部品を並べた状態です。

次の画像はmCoreとフレームを組み合わせた状態です。このフレームを使うと、mCoreを簡単に保護し保管できます。このフレームを使った場合もバッテリーはmCoreの下に固定します。

先の説明では述べていませんでしたが、四隅のブラススタッドの穴はLEGOテクニックの間隔と一致しています。このフレームは、テーブル上に置いたときでもリチウムイオンバッテリーホルダーを固定し、RJ25およびUSBポートに容易にアクセスできるようになっています。

最初の2つのビームは、センサーとバッテリーの側面に沿って、mCoreの真下に取り付けます。mCoreのボタンに近いほうの角の穴と、15穴LEGOビームの4番目の穴にM4ねじを通してM4ナットで締めます。同じように、LEGOビームの12番目の穴とブザーに一番近い穴にねじを通します。次に図に示すように、バッテリーコネクタの隣の穴とmCoreのリセットボタンのとなりの穴を使って2本目の15穴LEGOビームを接続します。

裏面からM4ナットで固定します。

mCoreを裏返しのままにして、LEGOテクニック・ピンの長いほうを15穴ビームの端の穴に通します。

次の図に示すように、別の15穴ビームをLEGOテクニック・ピンに取り付けます。

次に、より長いM4ねじを最後に取り付けたビームの8番目（中央）の穴に通してナットで固定します。図のように、バッテリーホルダーをmCoreの底面に固定します。このM4ナットは、リチウムイオンバッテリーホルダーにすきまを作るためのスペーサーとしても機能します。バッテリーホルダーのサイズを確認し、必要に応じてスペーサーを追加するか、または取り外してください。

最後に15穴のLEGOビームをねじに取り付け、M4のナイロンまたはスチール製ナットを使用してねじ止めします。これにより、バッテリーホルダーはバッテリーセルを圧迫することなく、所定の位置にしっかりと固定されます。

次の画像が完成した状態です。右の写真では、2.4G無線ドングルがマジックテープでバッテリーに付けられていますので、無くなることがありません。また、フレームの片側に2つのLEGOテクニック軸コネクタ1×3を追加して、多くのmCoreをラックに吊ることができます。よくできていますね！

このフレームを完成させたら、たくさんのセットをラックに吊り下げて簡単に保管できます[図1-8と1-9を参照]。

図1-8 | ラックに吊り下げられたmCore。

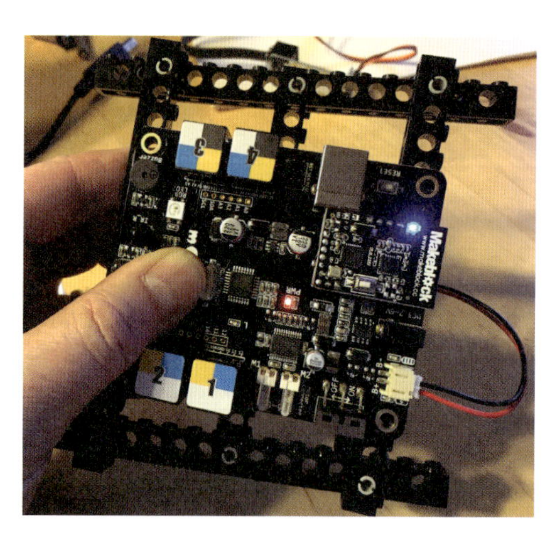

図1-9 | Rickが作ったテクニックフレーム。

1-20 カバーを付ける

mBotに入っているM4のブラススタッドを使って、シンプルなカバーを簡単に付けることができます。もし近くにレーザーカッターやボール盤（穴を開ける機械）と、がんばる気持ちがあれば、LEDと光センサーをケースから出すことができますし、LEGOテクニックと同じ大きさの穴を付けることもできます。

ここに、私がデザインしレーザーカッターで作ったオリジナルのカバーがあります。このカバーで使っているアクリルの厚さは約0.3mmです。このカバーはBluetoothまたは2.4G無線モジュールを保護し、LEGO部品または他のMakeblockアドオン部品を接続するための5つの穴を設けています。レーザーカッター用のデータファイルは、本書のウェブサイト（*https://www.airrocketworks.com/wp/fullscreen-video/instructions/make-mbots/*）から入手できます。レーザカッターを使えない場合でも、実物大のPDFを使って手作業で作ることもできます。

mCoreの真下のスペースには電池があります。mCoreの底面に着けたマジックテープでホルダーを取り付けます。mCoreの底面でショートしないよう電池がアクリル面に向くようにホルダーを取り付けます（mCore の底面はハンダ面となっているため金属が触れるとショートして壊れる場合があります）。

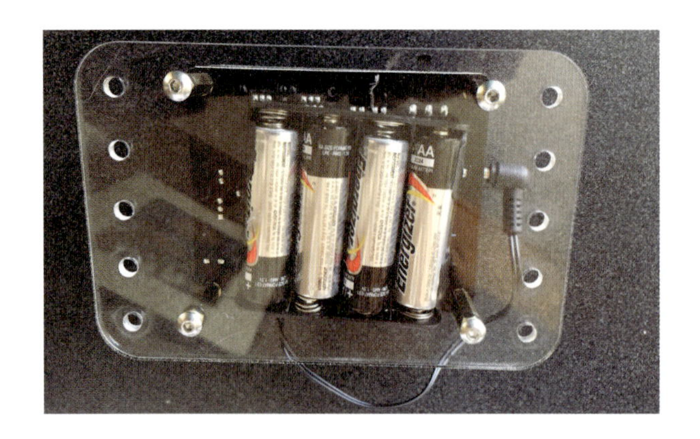

これらのフレームやケース（もしくはダウンロードページで紹介しているその他のフレーム）は便利ですが、プロジェクトによっては用途に合わない場合があります。あなたの教室に完璧にフィットするカバー、フレーム、または保管システムが完成するまで、試行錯誤を重ねてみてください（図1-10のクールなDIYケースをご覧ください）。そして、私たちにもシェアしてください！

図1-10 ｜ 10×10cmのジップロックコンテナで作られたケース（Makeblockフォーラムの"John1"製作）。

1-21 ケーブルを作る*12

ケーブルはメーカーごとに異なることが多々あります。デジタルカメラがまだ全盛だったころ、机の引き出しにはメーカーごとに端子の異なるたくさんの種類のUSBケーブルがありました。教育用ロボットの分野では、標準的なサーボ、モーター、センサーを専用のコンポーネントに変えていることがあります。

Makeblockはm Botで標準的なコネクタを採用していますが、ひと目ではどのようなタイプのものかがわかりません。RJ25コネクタは標準の電話用プラグのように見えますが、じつは特別なものです。Makeblockは6P6C（6極6芯）モジュラージャックを使用しています。つまり、6つの接点が6本のワイヤーに接続されています。

このプラグ用に独自のケーブルを作るには、圧着工具が必要です。ほとんどのイーサネット圧着工具には、小型のモジュラプラグ用のポートと、カテゴリ5または6ケーブル用の8P8Cプラグがあります。mBot用のケーブルとしてツイストペアのイーサネットケーブルを使うこともできますが、ペアを解かなければならず、手間がかかります。平らな6線ケーブルを使用すると、作業が容易になります。

［部品］

- □**6線式ケーブル**（パッケージ品ではなく、切り売りのケーブルを購入すれば比較的安価に手に入れることができ、教室で使う長さのものを作ることができます）
- □**6P6C/RJ25モジュラープラグ**（4線ではなく6線のものを使用してください）
- □**圧着工具**（多くの場合、RJ11/RJ12/RJ25用と表記されています）

訳注*12　ケーブルは必ずしも作る必要はありません。ここで作っているケーブルはMakeblockの部品として購入することもできます。

色の並びをケーブルの両端で一致させておくことが大切です。プラグを確認するとき、左から右へ同じ色順になっていることを確認してください。ここに掲載しているケーブルは、左端が白、右端が青になっています。これらの色はケーブルメーカーによって異なる場合がありますが、それぞれのケーブルの端どうしで同じでなければなりません。

ケーブルの末端に付けるコネクタの向きを間違うとワイヤーの色を合わせた意味がなくなりますので注意しましょう。これは、コネクタの向きを間違って付けた例です。両方のコネクタが同じ向きに付けられているため、両端の間のワイヤーの接続順序が逆になってしまいます。[図1-11を参照]。

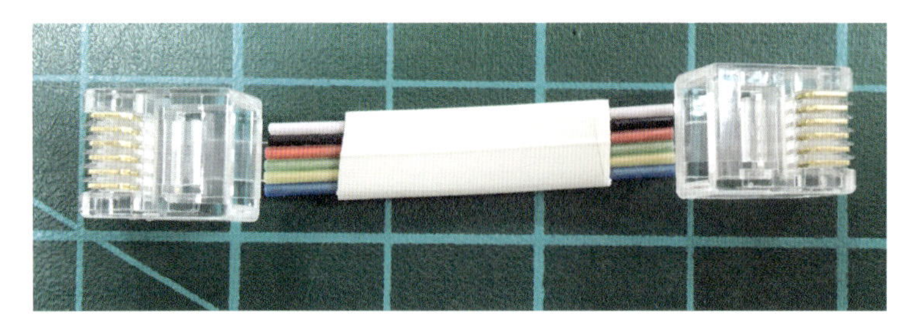

図1-11 | 誤ってコネクタを装着した例

左側のコネクタは、左から右へ青、黄、緑、赤、黒、白の順で並んでいます。右側のコネクタは、左から右へ白、黒、赤、緑、黄、青の順で並んでいます。それぞれのコネクタを表裏を逆にした状態で装着すると、色の並びを合わせられます。特に、小さなケーブルでは注意してください［図1-12を参照］。

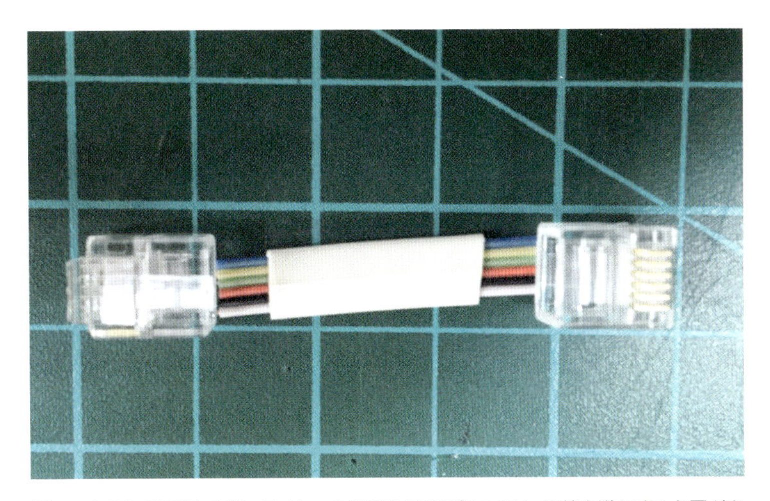

図1-12｜正しく装着した例。ワイヤーの順序を同じに保つには、両端を逆にする必要があります。

私がケーブルを作るときは、端子が見える状態で色の順番を確認しています。色が両端で一致していれば問題ありません。では、ケーブルを作っていきましょう。

［手順］

1. まず、ケーブルを必要な長さに切り、両端から約1cmの被覆を取り除きます。モジュラーコネクタを使用する場合は、それぞれのワイヤーの被覆を取り除く必要はありません。

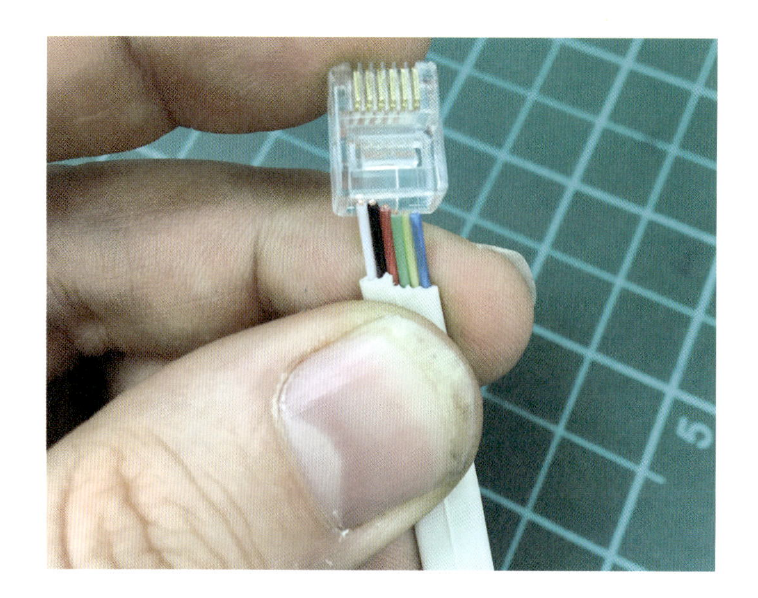

2. 外側の被覆を外した状態で、モジュラージャックを色付きワイヤーの上にスライドさせます。6本のワイヤーすべてがコネクタ中の端子に接していることを確認してください。

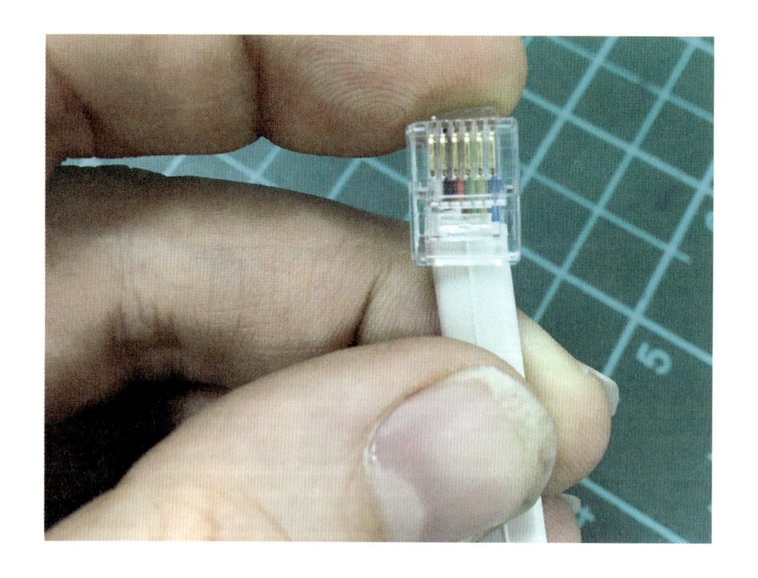

3. 圧着する前に、コネクタを確認します。プラグの端子の下に同じ長さの6本の色のワイヤーがすべて見えるはずです。もし、長さが揃っていなければ正しく端子に接続されません。圧着してから後悔しないように、コネクタを外し、すべてが一直線になるようにもう一度ワイヤーの被覆を取り除いてから、コネクタに接続しなおして確認してください。もし正しく接続されていないワイヤーがあると、そのワイヤーを使うセンサーの通信が必ずエラーとなってしまいます。
4. 圧着工具にケーブルとプラグを差し込み、グリップを握ります。端子を色付きのワイヤーに押し込むのにそれほど力は必要ありません。もう一度、6本のワイヤーがそれぞれ端子と接続されていることを確認してください。

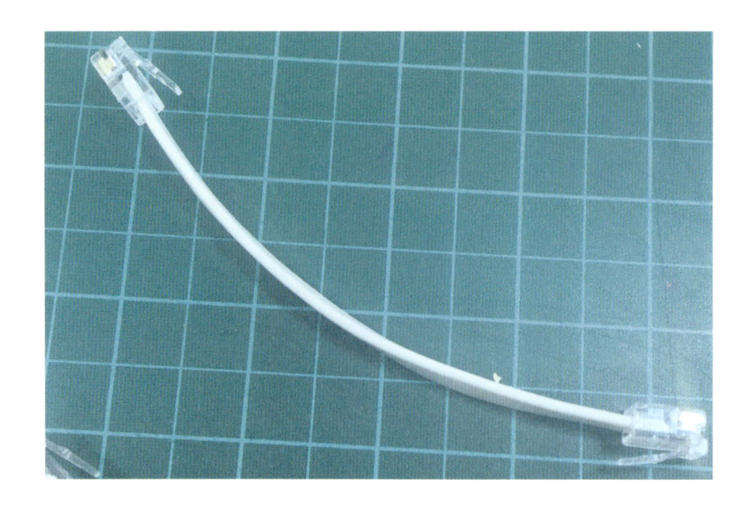

1-22 mBotのアップデート

mCoreのファームウェアは2種類あります。それらを更新する機能は、いずれもmBlockの「ファームウェアアップデート」メニューの中に表示されます。1つは「オンラインのファームウェア」と表示され、もう1つは「工場出荷時のファームウェア」です。

名前は異なりますが、これらはいずれもStandardFirmataプログラムとオープンソースのFirmataプロトコル[*13]を元にしたmCore用のArduinoソフトウェアです。このファミリのすべてのプログラムはArduinoハードウェア上で動作し、マイコンボードとPCの間で双方向の通信を可能にするものです。このソフトウェアは、mCore上の限られたプログラムメモリのほとんどを使いますので、それ以外の機能はありません。

訳注*13　PCとArduinoとの間で通信するためのプロトコル

ファームウェアのアップデート手順

mBotとPCをUSBケーブルで接続し、mBlock5の[接続]ボタンを押します。

接続先を選択する画面が表示されますので、mBotが接続されているシリアルポートを選択し[接続]ボタンを押します。

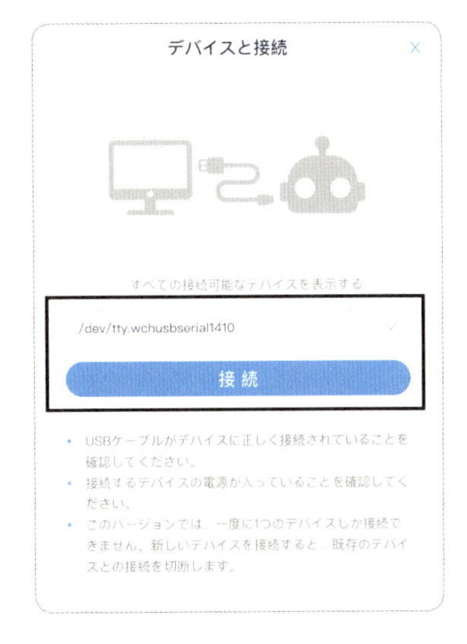

接続が完了すると、以下のように表示が変わりますので[設定]ボタンを押します([設定]ボタンが[アップデート]と表示される場合もあります)。

以下のように表示が変わりますので「ファームウェアアップデート」を選択します(ファームウェアアップデートがオレンジ色で表示される場合もあります)。

ファームウェアを選択する画面が表示されますので、「オンラインのファームウェア」もしくは「工場出荷時のファームウェア」のいずれかから、アップデートしたいものを選んで[アップデート]ボタンを押すと、ファームウェアのアップデートが始まります(ソフトウェアは随時バージョンアップされますので、図のバージョン番号と実際に表示されるバージョン番号は異なる場合があります)。

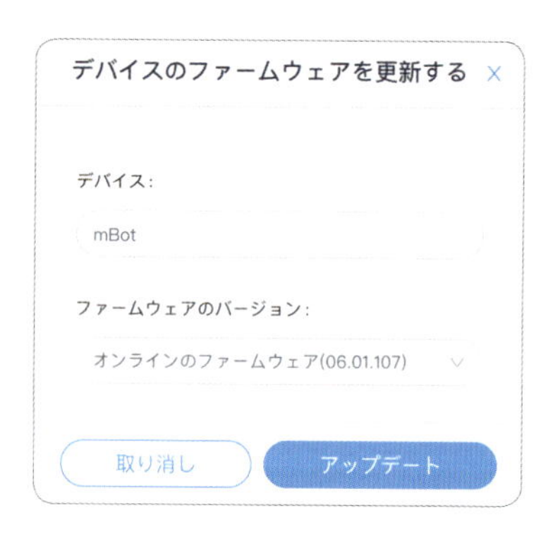

「工場出荷時のファームウェア」を選択すると、初期プログラムがアップロードされます。このプログラムには、1-9で説明した超音波センサーを使って障害物を避けるモード、ライントレースするモードが含まれます。また、赤外線リモコンとオンボードのボタンに反応します。これらの機能をmCoreのプログラムメモリに搭載するため、より高度なMakeblockセンサーのサポートは含まれていません。つまり、地磁気センサーやRGB LEDストリップを使用する場合は、「オンラインのファームウェア」を選んでmCore上のプログラムを書き換えなければなりません。

表1-1に、これらの2つのソフトウェアの主な違いを示します。

表1-1 | ファームウェア機能の差

機能	工場出荷時のファームウェア	オンラインのファームウェア
起動音	3回鳴動	1回鳴動
USB接続	○	○
2.4G無線接続	○	○
Bluetooth接続	○	○
赤外線リモコン	○	
衝突回避モード	○	
ライントレースモード	○	
RGB LEDテープ	15個まで	無制限
LEDマトリックス	○	○
7セグメント表示	○	○
温度センサー	○	○
ジョイスティック入力		○
地磁気センサー(コンパス)		○
3軸ジャイロセンサー		○
Me タッチセンサー		○
Me 炎センサー		○
湿度センサー		○

1-23 これから、私たちはどこへ向かうのか

エレクトロニクスキットを購入するとき、ハードウェアの仕様や何が作れるか? を中心に考えがちです。mBotには、他の子供向けロボットやArduinoシステムと比べて優れた特長がたくさんあります。しかし、Makerspaceで働いている私たちが喜ぶような機能は、スペックシートの一番上にはありません。私は柔軟なプラットフォームと、大人の手助けを最小限に抑え、子供たちが扱いやすいようしたmBotとmCoreの設計上の小さな工夫が気に入っています。

後の章では、同じデザイン原則に基づいて考えられた、LEGOとの統合、工作と組み合わせた人形劇、大規模プロジェクトと小規模プロジェクトについて詳しく説明していきます。これらのプロジェクトはすべて、子供たちでも扱える強力なハードウェアとプログラミングツールによって実現できます。2章では、PCとタブレットの両方を使って、mCoreでできることを理解するためのソフトウェアについて詳しく説明します。また、本書を通じて使用されるmCoreに接続できる多くの外部センサーについても紹介します。3章「かわいい生き物を作ろう」以降では、mBlock5によるプログラミングとセンサーを使って、環境に反応する奇妙な生き物から、遠隔地のデータロギングデバイス、ピンポンのボールを飛ばすロボットまでさまざまなものを作っていきます。さぁ、戦いの準備は整いました。

mBotの
ソフトウェアとセンサー

mBotはいくつかの優れたオープンプラットフォームを利用して構築され、その何十年もの発展の恩恵を受けています。こうした背景は、mBotが大きな可能性を秘めていることを意味しますが、「どうやってmBotを制御するのですか?」といった簡単な質問に対しては、「はい、しかし…」とだらだらと枝分かれした長い回答をしなければなりません。この章では、mBot制御のすべての選択肢、つまり付属の赤外線リモコンおよびPCやタブレットを使った無線制御を説明します。そしてこの章の後半では、プログラムをmBotに書き込んだ自律制御の方法までを説明します。

2-1 標準のプログラム

mBotを最初に入手し箱から取り出したときは、赤外線リモコンで切り替え可能な3つの動作モードがプログラムされています。このプログラムが現在ロードされているかどうかは、mCoreのスイッチをオンにする際にビープ音が3回鳴ることで確認できます。

出荷時にインストールされたこのプログラムを使うと、mBotを赤外線リモコンの矢印キーで操縦したり、キーパッドでスピードを調整することができます。A、B、Cの文字キーを押すことで、mBotの動作モードを切り替えられます。これらの動作モードでは、mBotに標準で搭載されている超音波センサーとライントレースセンサーを使用します。mBotの初期設定はモードAで、これは最初に説明したシンプルな操縦システムです。Bのキーを押すとモードBとなり、距離センサーを利用した衝突回避を行います。Cのキーを押すとモードCで、mBotはライントレースモードになり、床に書かれた黒い線を探して追従します。キットには紙に印刷された黒い線で描かれたコースが入っていますが、センサーはそれ以外にも暗い色のマスキングテープやビニールテープを認識します。Aのキーを押すと、モードAの手動操縦モードに戻ります。この場合mBotを同時に複数のモードに設定することはできません。たとえば、mBotがライントレースをしつつ障害物を避けるといったことはできません。

赤外線リモコンは簡単ですがmBotの操縦に影響を与えるいくつかの欠点があります。赤外線通信は、リモコンとmBotの受信機の間が見通せることが条件で、これは、mBotが操縦者から離れ、廊下へ向かうことが難しいことを意味します。また、複数のmBotを持っている場合、いくつかのmBotが同時にリモコンからの指示を受け取ってしまうことに気が付くでしょう。

これは実際に私たちがこの本を書いた理由の1つです。私たちは、標準のプログラムと赤外線リモコンの制限をmBotそのものの能力の限界だと勘違いしている多くの人に出会いました[図2-1]。赤外線リモコンを脱してmBotを使ったオリジナルの作品を作り出すためには、PCやモバイルデバイスでの制御に移行する必要があります。

図2-1 | mBotがリモートコントロールを提供するのは素晴らしいことですが、それは体験を損なうこともあります。

2-2 Makeblock App

過去2年間に、Makeblockはモバイルアプリケーションの品質を向上させましたが、必ずしもクリーンな方法ではありませんでした。AppleやAndroidのアプリストアには、それぞれ多くの古いプログラムが残っています。執筆時点では、両方のプラットフォームで活発に開発されている唯一のモバイルアプリケーションは、Makeblock Appです[*1]。

図2-2 | 電源の入ったロボットが1台でモバイルデバイスの近くにある場合、Bluetoothペアリングはバックグラウンドで実行されます。そうでない場合は、モバイルデバイスをロボットにかざすだけです。

Makeblock AppはmBot以外にもMakeblockが製造しているいくつかのロボット製品をサポートしています。Makeblock Appを起動すると、モバイルデバイスから最も近いロボットと自動的にBluetooth

---

訳注*1　翻訳時点ではさらに新しいmBlock Appが存在しますが、これから紹介するアプリケーションを用いた操縦の機能がないため、古いバージョンとなったMakeblock Appを紹介します。また、このMakeblock Appは今後開発の優先度が下がるため、アプリケーション上の日本語訳が不適切なままとなっている箇所があります。アプリケーションの表示に合わせて説明しますのでご了承ください。

ペアリングしようとします。いくつかのロボットが範囲内にある場合、アプリケーションは選択したロボットの近くに移動するように求めます。

2-3 プロジェクトギャラリーのツアー

ロボットとアプリがペアリングされると、ロボットの構成に応じたメインメニューが表示されます。「プレイ」「コード」「組み立て」「新規」「かくちょう」アイコンがあります。

「プレイ」のメニュー［図2-3を参照］には、mBotの基本的な構成で利用可能な制御インターフェースが並んで表示されます。

「かくちょう」メニュー［図2-3にも示されています］には、mBotの基本キット以外のライティングキャットロボや六本足ロボットのようなアドオンパックを使用したプロジェクトで、別売りのセンサー、サーボ、金属製ブロックの部品が必要です。これらの追加の部品が必要なものは、各プロジェクトアイコンの右上にオレンジのExpandというラベルで示されています。

「組み立て」メニューをクリックすると、アドオンパックに対応した組み立て説明書が表示されます。「コード」のメニューは別途mBlock Blockly Appを開き[*2]コーディングを学ぶことが可能ですが、本書では扱いません。

→

↗

訳注*2　インストールしていない場合はアプリのダウンロードを促されます。

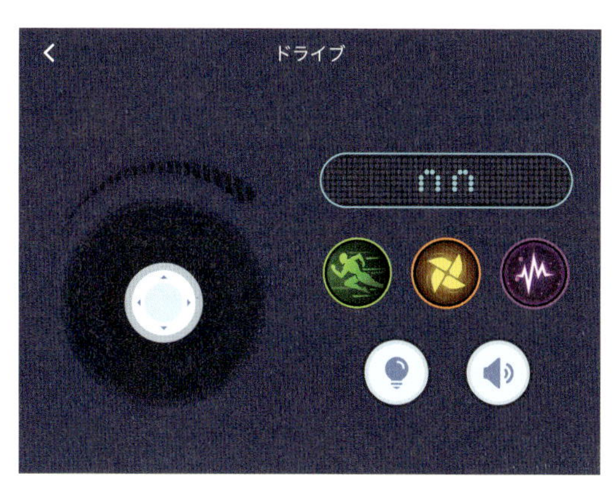

図2-3 | Makeblock Appの「プレイ」メニューの公式プロジェクトは、「組み立て」の説明書どおりにロボットを組み立てる前提になっています。制御インターフェースの要素を変更することはできません。

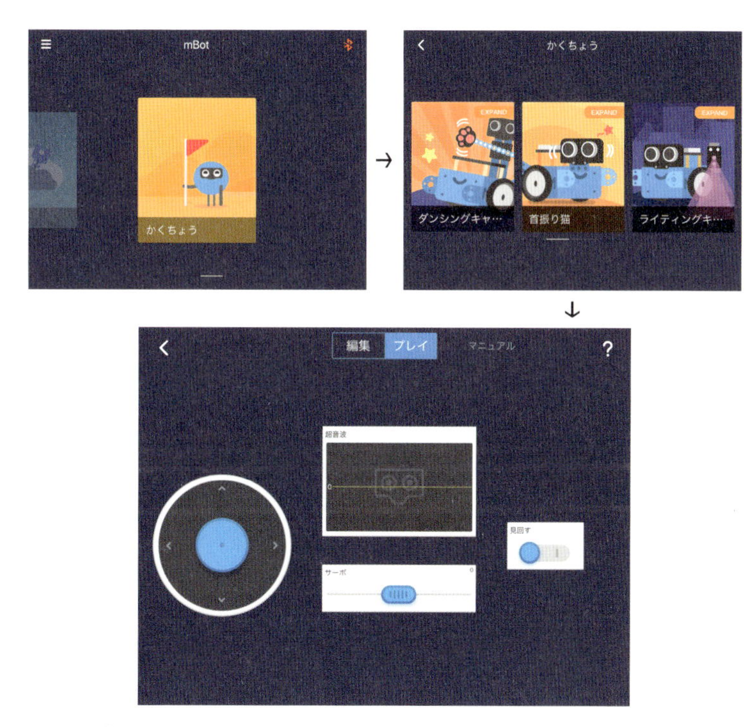

図2-4 | 「かくちょう」メニューのプロジェクトは、アドオンパックで追加したモジュールを含む十字キーやボタンなど、接続されたロボットを制御する操作ツールやmBotのセンサーからのデータをリアルタイムに表示する画面などが表示されます。

「かくちょう」ギャラリーのアイコンをタップすると、そのプロジェクトの設定用に作成されたコントロールパネルが開きます。これには、センサー値を表示するディスプレイ、特定の動作をトリガーするボタン、モーターやサーボのコントロールツールが含まれます。

これはさまざまなLEGOの構成に合わせドラッグ&ドロップで制御の設計を提供するLEGO Robot Commanderアプリと似ています。しかし、Makeblock Appではユーザーが「プレイ」から「編集」モードに切り替えると[図2-5を参照]、それらのコントロールツールをさらに調整することが可能です。

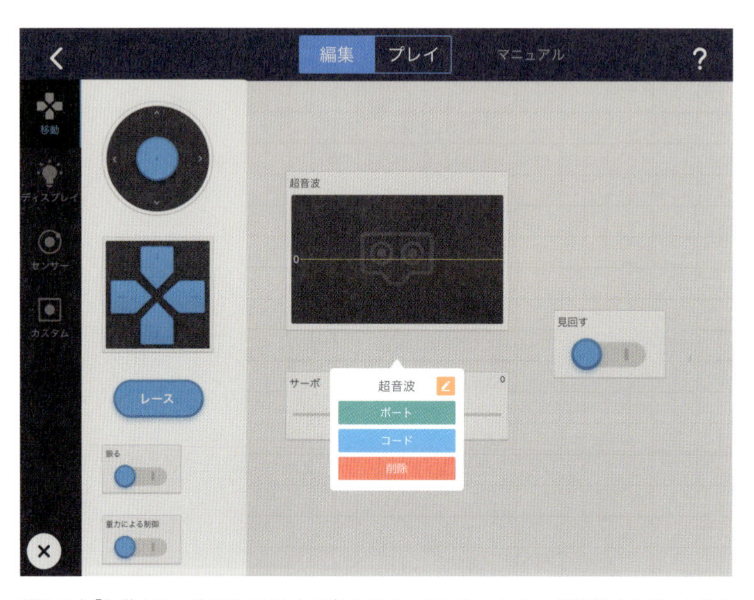

図2-5 | 「編集」モードでは、画面上の部品をタッチして、センサーが接続するポートを変更したり、そのウィジェットのコードを変更できます。

「編集」モードよりもさらに詳細に調整するには、スクリーンウィジェットをタップすると表示されるメニューから[コード]のボタンを押して、より具体的な変更を加えることができます。各操作ツールのコード編集画面は、GoogleのBlocklyライブラリを使ったブロックベースのインターフェースになっています。図2-7の左端にあるギャラリーには、現在画面に表示されている操作ツールやディスプレイを変更したり、新しい操作ツールを作成したりするために必要なすべてのブロックが含まれています。

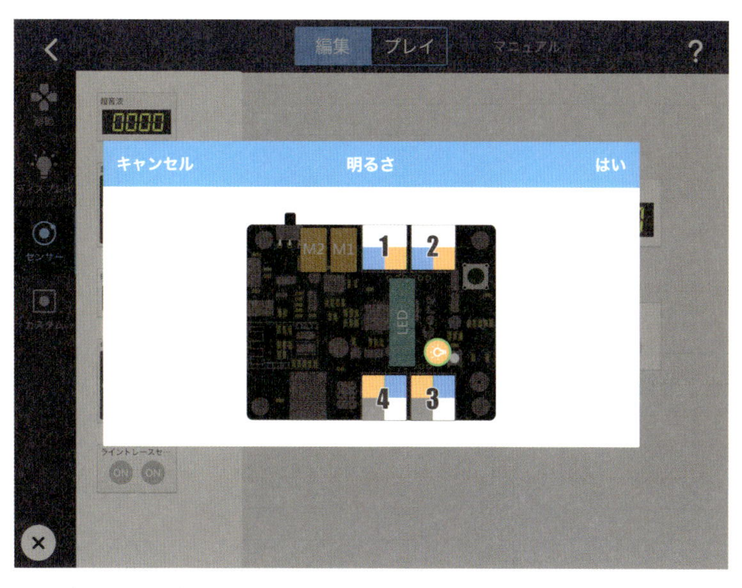

図2-6 | mBotは、黄色の円で示したオンボードセンサーもしくはポート3または4に接続された外部センサーから輝度を読み取ることができます。

図2-7 | Makeblock Appのブロック「開始」「動作」「表示」パレット

2-4 モバイルデバイスでのブロックについて

「開始」パレットのブロック(67ページ参照)は、操作ツールの種類によって異なります。ボタン1つのウィジェットは「ボタンが押された時」と「ボタンがリリースされた時」の2つのブロックがあります。四方向キーのウィジェットには、4つの方向のそれぞれに対して「…のボタンが押された時」と「…のボタンがリリースされた時」の8つのブロックがあります。数値やグラフの表示ウィジェットは「スタート時」のブロックが1つだけあります。

「動作」パレットの方向ブロック(67ページ参照)は、標準のmBotのモーター構成を想定しています。また、個別のモーターやサーボを直接制御することもできます。

紫色の「表示」ブロック(67ページ参照)は、物理的なLED、mBotのスピーカーからのサウンド、またはMakeblock App画面の要素を制御することができます。

図2-8 | Makeblock Appの「イベント」「検知」「数学」「制御」パレットのブロック

「イベント」ブロック（68ページ参照）は、接続されたセンサーまたはモバイルデバイスからの入力を受け取ることができます。これらのブロックを使用すると、モバイルデバイスを傾けることによってmBotを操作するといった簡易なシステムを作成することができます。これは最初の体験として素晴らしいのですが、私たちの経験では、子供たちはすぐにMakeblock Appとロボットの反応速度では満足に操縦できないことに気がついてしまいます。
「検知」パレット（68ページ参照）にはMakeblockが販売するほとんどのセンサーに対応したブロックが揃っています。これらはすべてパズルのピースのようなブロックで表現されていて、プログラム内の他のブロックと接続してセンサーから得られた値を使うことができます。
「数学」ブロック（68ページ参照）は一般的な演算子（算術演算子、論理演算子）と関数や変数の設定も含まれます。これらのブロックの詳細については、4章「センサーで身の回りを調べよう」を参照してください。

最後に、「制御」パレット（68ページ参照）には条件分岐と待機（一時停止）、繰り返し（ループ）が含まれます。
「かくちょう」ギャラリーにある既成のmBotコントロールプログラムを開いてから始めましたが、そのプログラムの画面の要素を変更すると、Makeblock Appは自動的にそれを保存し、プロジェクトの名前を変更を求めるメッセージが出ます。この仕組みのおかげで、既存のプログラムを壊してしまう心配をせずに「かくちょう」ギャラリーの既成のロボットプログラムをいじってみることができます。

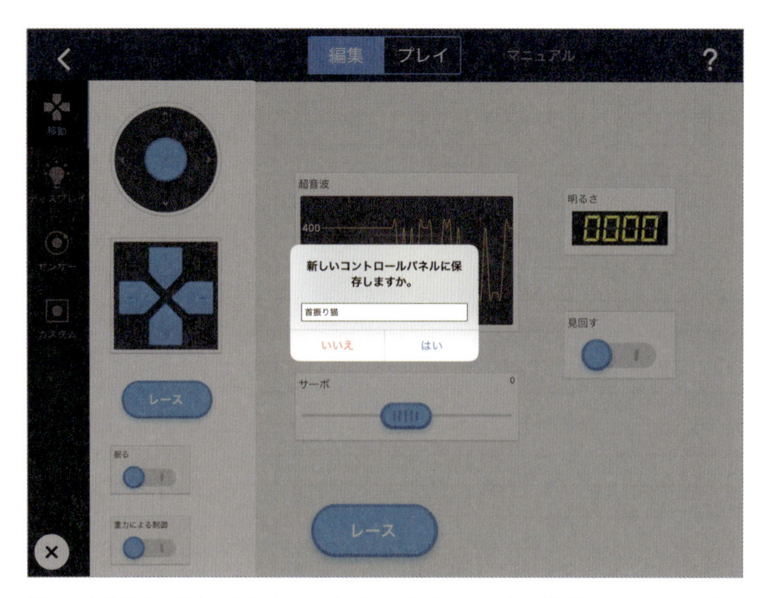

図2-9 | 名前を変更して保存すると、変更されたプロジェクトは「新規」ギャラリーに表示されます。

最新のバージョンのMakeblock Appで追加された、(64ページから65ページで説明しました)「プレイ」メニューに含まれるプロジェクトは、mBotのさまざまな可能性を示すすばらしいデモンストレーションですが、既成のインターフェースの変更や拡張はできません。

ゲームコントローラーの表示されているプロジェクト「ドライブ」(64ページ)には、mBotを繊細に操縦できるアナログジョイスティックがあります。そして、mBotを急加速したり、回転させたり、揺らすことができる、テレビゲームのコントローラーのようなボタンも備えています。

「音楽家」パネルを見て回ると、mCoreに搭載されたスピーカーで演奏できることがわかります。
「描いて走る」プロジェクトは、指で通り道を描くツールが起動し、小さな子供でもmBotを描いた線の通りに動かすことができます。四角の中に線を描き、[再生]ボタン⏵を押すと、mBotがそのコースに沿って動きます。画面に表示されたパスにはmBotの進み具合が表示されます。約1m×2mの長方形の範囲で動き回ります。テーブル、椅子など現実の空間にある障害物は画面に表示されないので、衝突は日常茶飯事です。それでも、「プレイ」メニューの「描いて走る」プロジェクトは、Makeblock Appの楽しく新しい機能です。それはバルーンタグゲームに最適なのです。

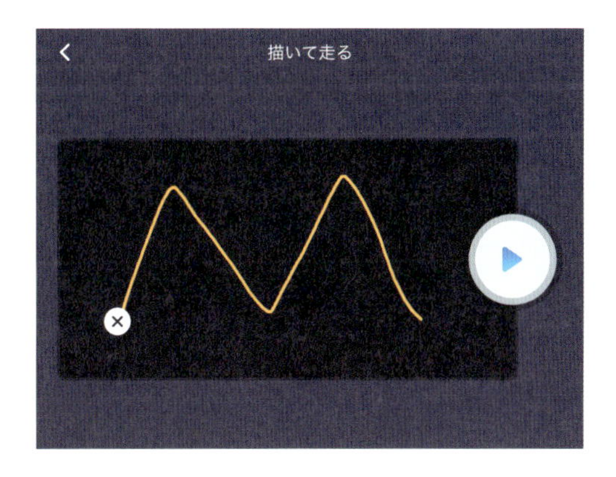

2-5 バルーンタグゲーム

Makeblock Appを使用すると、赤外線リモコンでは不可能な複数のmBotを使ったゲームや活動が可能になります。私たちのお気に入りの1つはmBotバルーンタグ*3です。誰かの風船を割るというわかりやすいルールで誰でも楽しむことができるプロジェクトです。必要なものは、(いうまでもありませんが)mBot1台ごとに風船が1つと、それを割るための鋭利なものです。操縦スキルに焦点をあて標準化されたロボットと風船を使用し、この競技のリーグ戦をきっちり確立することはできますが、教室で行うべきものではありません。私たちは、製作技術と設計に挑戦することを重視します。

準備

各グループに、mBot、いくつかの風船、さまざまな「鋭利な槍」となるものを配ります。槍にするものは、木製のバーベキュー串、プラスチック製のストローと画びょう、とがった鉛筆などを使用しました。

生徒の年齢によっては、風船をmBotに取り付ける方法を指定することをお勧めします。mBotの基本形では、地面に平行で機体の中心軸に沿った取り付け箇所がありません。取り付け箇所を作る1つの方法は、2個の直角のMakebklockブラケットと他のMakeblockやLEGOのビームをmBotの車体の後方に追加することです。

これは大きめなものでも支えられるしっかりとした構造になります。ただしmBotを重くしすぎないことも重要です。風船の取り付けのような簡単な作業の場合、ケーブルバンドも同様に使えます。風船をケーブルバンドに結んだり、紐でくくったりできます。このような不安定な接続によって風船は揺れ動く的(まと)にもなります。

訳注*3　バルーンタグとはアメリカで一般的なレクリエーションで、足に糸で風船を付けて、他の人の風船を踏んで割るゲーム

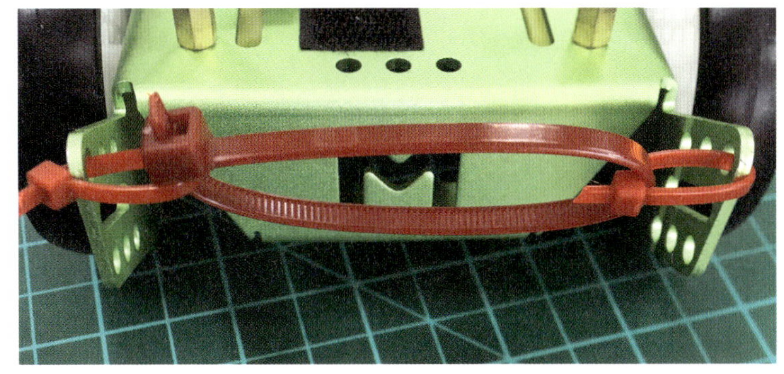

写真提供：@MISTERHAY

mBotにしっかりと槍を取り付けるのはさらに難しくなります。ケーブルバンドを使って基盤を取り付けているブラススタッドもしくは電池の横のフレームに取り付けることができます。この工程はたくさんの面白い挑戦がありますが、最初のうち生徒はそのほとんどに気が付きません。槍がどのような角度なら風船に届くでしょうか？ 槍を左右に振ることができますか？ 相手の風船をしっかりと射抜くためにmBotの前方に突き出ていますか？ こうした問題点を解決するうちに生徒たちは奇妙なデザインを取り入れるよう促されていきます。これらのうち多くの試みは上手く機能せず、再び最初から取り組むことになります。これこそ強力な反復設計（iterative design）[*4]の心構えとなります。これらの質問に対する解答を見つけることが、活動のねらいです。

訳注*4　プロトタイピング、試行、改善を繰り返す設計プロセス

全員参加の大乱闘をすると盛り上がりすぎるので、一騎打ちとして時間制限を設けることは良い考えです。各試合のあとに「ピット・ワーク」（整備作業）の時間を作り設計を見直しましょう。

大人数の場合、対戦に時間がかかりすぎることがあります。その場合は槍を外したmBotに風船だけを付けた1台を標的にして、他のmBotたちはハンターとなります。的となるmBotを操作する人はMakeblock Appの「プレイ」メニューから「描いて走る」ツールを使用します。ハンターと獲物は交代して進めます。「描いて走る」ツールの高い機動性により、標的のロボットを制御しているプレイヤーはハンターの集団にフェイントをかけることができます。これはときどき重大な同時衝突を起こすことがあります。ハンター側と標的側で異なる制御方法を使って行う1対多のバルーンタグゲームは、短い時間枠や固定ターン数がある場合に非常に効果的です。そして、グループセッションの終わりに新しいデザインをテストする簡単な方法です。

市販のmBotキット以外の素材を使うことができる場合は、さらに多くの可能性があります。サーボモーターと巧みなマウントを使えば、運転中にMakeblock Appコントロールパネルで槍や風船を制御できます。これは工作技術と操縦技術の挑戦レベルを大幅に高くします。教室で試したところ、サーボを使うと自分で風船を割ってしまう割合が高まります。

車体の下にライントレースセンサーを付けた標準のmBotを使用すると、いくつかの面白いバルーンタグの試合に面白い変化を与えます。ロボットの大乱闘の代わりに、小さなライントレースの道と空き地を作ります。チームはライントレースプロジェクトから開始しますが、彼らの選択でボタンを押して操縦もできるように変更していきます*5。ロボットは空き地では喧嘩し争いますが、次の場所に移動するためには線を見つけライントレースモードを使う必要があります。このやり方は、風船を追いかけるだけでなくゴールにmBot達を向かわせるというタスクを与え、通常のバルーンタグの熱狂的に追い回す泥仕合を避けることができます。

訳注*5　現バージョンではライントレースプロジェクトはアプリのメニューからは選択できません。

いわゆるこのバルーンタグは、特に子供たちが休み時間に自由奔放に動き回る遊びに結びつくでしょう。新しいパーツを追加することによってどのような新しいアイデアが出てくるか、ルールが変わるとどのように遊び方が変わるか見てみましょう。どちらの場合も新しい道具は、より複雑で、課題を含んだ、強力な学習者主体の学びを創り出します。

写真提供:@ROBOTICS_FUN

2-6 mBlock

Makeblockの mBlockは、Windows、Mac、Linux、およびChrome book PCのためのビジュアルプログラミング環境です。ノートPCやデスクトップPCを使っている場合はmBlockを使います。これは、タブレットプログラミングアプリケーション(Makeblock App)で提供されるすべての能力を解放する、mBotをプログラミングする最も強力なツールです。

mBlockプラットフォームは、MIT Media Labのライフロング・キンダーガーテン(LLK)グループ(27ページ)のプロジェクトであるScratchから派生し、Scratchの数々の素晴らしい機能を受け継いでいます。mBlockは、ロボット制御のコマンドを非常に多くの子供たちが親しんでいる形式で提供しています。

LLKグループの責任者であるMitchel Resnick教授は、Scratchには「低い床、高い天井、広い壁」があると説明しています。「低い床」とは前提条件や経験のない者でもプログラムの世界に踏み込めるということを意味しています。

「高い天井」は、ユーザーが何年も何十年もの間、自分のスキルを成長し拡げていくことを可能にすること、また「広い壁」は、そのツールを使ってあらゆる種類の創造的活動を可能にすることを意味します。Scratchはアニメーションや音楽、ビデオなどを用いてすべての物を創り出す多人数参加型のプラットフォームを提供しています。

高校生はScratchなどのブロックベースの言語を「子供用のプログラミング言語」として批判することが多くあります。これは、ブロックベースのプログラミングに発展性がないのではなく、彼ら自身の経験不足によるものです。Scratchユーザーの「griffpatch」やUC BerkeleyのBeauty and Joy of Computingコースから出てくる驚くようなプロジェクトは、そうした「子供のための簡易な言語である」という思い込みを打ち砕くはずです。「『単純』は『簡単』ではない」——この言葉を聞くのはこれが最後ではないでしょう。

mBlockプラットフォームは、Scratchが築いた家を自然に拡張しています。既存の床や天井を壊すことなく、物理世界のロボット工学のための部屋を追加しています。

もしScratchのロボット工学以外の可能性に興味があるなら、多くの書籍が揃っています[*6]。

訳注*6　日本語で読むことのできる、訳者のおすすめは次のとおりです。

- 阿部和広 著『小学生からはじめるわくわくプログラミング』(日経BP、2013年)
- 倉本大資 著・阿部和広 監修『小学生からはじめるわくわくプログラミング2』(日経BP、2016年)
- 角田一平、若林健一、とがぞの、砂金よしひろ、高村みづき、安川要平 著『CoderDojo Japan公式ブック Scratchでつくる! たのしむ!プログラミング道場 改訂第2版 Scratch3.0対応 』(ソーテック社、2019年)
- 倉本大資、和田沙央里 著『使って遊べる! Scratchおもしろプログラミングレシピ』(翔泳社、2019年)

この章では、まっさらな状態から機能するプログラムをどのように組み立てるかを紹介しますが、Scratchを探求するためのさまざまな世界がたくさんあります。そのうちいくつかの領域も掘り下げて、あなたのロボットがどれだけのことができるのかを見てみましょう。

2-7 mBlockへの接続

現在、Windows、Mac、およびLinuxコンピューター用のmBlockの最新バージョン(v5.1) *7 は、Scratch 3.0ベースのブロック環境とArduinoツールを1つのプラットフォームにまとめています。また、https://ide.mblock.cc/ にはウェブベースのオンライン版のツールも用意されています。これは、同じツールセットを比較的新しい(モダン)ブラウザ上で提供します。オンライン版からのデバイスへの接続にはmLinkという追加のアプリケーションが必要になります。

mBlock 4.0のベータ版以降は、ダウンロード版に替わりオンライン版のブラウザベースのツールを中心としていくことをMakeblockは提案しています。これらの各バージョンの機能はほぼ同一であるため、本書のすべてのプログラムは、バージョンにかかわらずmBlockで動作するはずです。ただし、プロジェクトファイルそのものの互換性や、オペレーティングシステムごとのデバイスの接続手順は今後変更される可能性があります *8。

訳注*7　現在はmBlock 5.1となっており、本書では5.1に基づき解説しています。

訳注*8　原著当時からBluetoothモジュールが刷新され、PC側にBluetoothドングル(USBアダプタ)を使うケースもあります。旧式のものとあわせ本書では解説していきます。

mBlockを開いたら、Bluetooth、2.4G無線モジュール、またはUSBの3つの接続のいずれかを使用して、ボードをソフトウェアに接続する必要があります。すべての市販のmBlockキットには、USBケーブルとBluetoothのワイヤレスモジュールが含まれます。mBotキットを購入せずにmCoreを購入した場合は、USB接続のみ可能です。Bluetoothモジュールおよび2.4G無線モジュールはMakeblockから販売されており、ボード間の交換も簡単にできます。また2019年初め頃からBluetoothモジュールはBLE(Bluetooth Low Energy)対応の新モジュールへと刷新され、キットに同梱されるものも新しいものとなっています。2.4G無線モジュールとBluetooth新/旧モジュールの見分け方は、図2-10に示しています。金属のカバーがついているものがBluetooth新モジュール、銅製のアンテナ[*9]のあるほうがBluetooth旧モジュール、いずれの特徴もないものが2.4G無線モジュールであると特定できます。

接続タイプについて

Bluetoothより2.4G無線モジュールを使用するほうが、教室で使用するmBotの台数が多い場合などのメリットがありましたが、mBlock5では2.4G無線モジュールでの接続が不可となっています。その代わりmBot側のBluetoothモジュールの他に、PC用のBluetoothドングルを使うことで2度目以降の接続時にペアが維持されるなどの機能が追加されたので、利用状況に合わせた選択をする必要があります。

多少複雑ですが各モジュールの対応を表にまとめます。

訳注*9　プリント基板のジグザクパターンにあります。

表2-1 | 各モジュールと利用状況の対応(2019年6月現在 訳者調べによる)

接続方法	mBlock5		mBlock3	
	オンライン	オフライン	オンライン	オフライン
USBケーブル	可	可	可	可
PC内蔵Bluetooth(旧モジュール)	不可	可 ※	不可	可 ※
PC内蔵Bluetooth(新モジュール)	不可	可 ※	不可	不可
Bluetoothドングル(旧モジュール)	可	可	可 ※	可
Bluetoothドングル(新モジュール)	可	可	可	可
2.4G無線モジュール	不可	不可	可 ※	可

※ 書き込みは不可

図2-10 | ワイヤレスモジュールはBluetooth(上段)、2.4G無線(下段)を合わせ何種類かあり、Bluetooth ボード上にはジグザグの曲がりくねったアンテナがありそれらを見分けることができます。最新のBLE(Bluetooth Low Energy)モジュールはアンテナのパターンより金属のカバーが目立ちます。BLEドングル(左上)はPC内蔵のBluetoothに替わり接続の問題を簡単にしてくれます。

すでにmBotをお使いの方は、接続方法によってはmBlock5での接続のためにモジュールの交換やドングルの追加が必要になるかもしれません。しかし、USBでの接続はできることを忘れないでください。またmBlock3を引き続き利用する場合、本書のコードを多少工夫すれば移植は可能なはずです。

Bluetoothの接続

mBlock5でのBluetoothでの接続は非常に簡単です。デバイスのタグにmBotを読み込んで、パネル右下の[接続]ボタンを押します。オンライン版の場合「mLink」という接続サポートアプリケーションが必要と表示されますので、インストールや起動を忘れないでください。

ポップアップのウィンドウに、デバイス名が出てきたら[接続]ボタンを押して接続してください。接続されると画面上部に「接続しました」と表示されます。

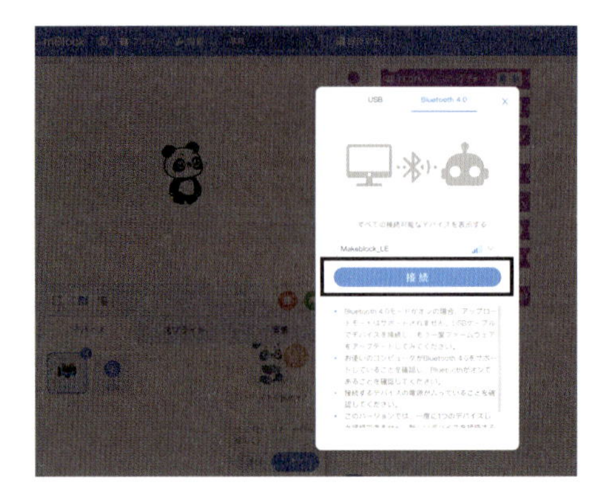

保存する
接続しました。
LEDパネル
が押されたとき

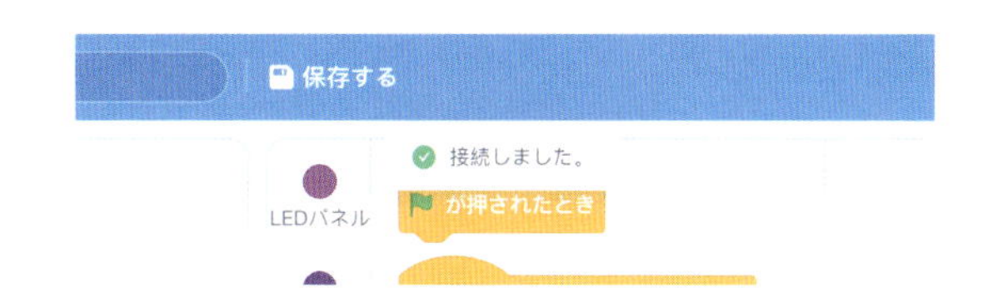

この手順でWindowsとMacに大きな差はありませんが、Windowsの場合PC内蔵のBluetoothモジュールの種類やドライバーのバージョン等で接続ができないケースがあります。その場合、Makeblockも手順として示している「Zading」(*https://zadig.akeo.ie/*)というアプリケーションを試すことはとても価値があります。

Zadingを起動して、「Options」から「List All Devices」にチェックを入れます。プルダウンメニューに表示されるBluetoothモジュールを選んで、「Replace Driver」をクリックすると内蔵Bluetoothのドライバーが書き換えられ接続できるようになります。

詳細はMakeblockの公開している手順(*http://docs.makeblock.com/mbot/jp/#method2*)も参考にしてください。

Zadingでの変更を元に戻す場合、デバイスマネージャからドライバーの更新をするとBluetoothデバイスは元に戻せるようです。

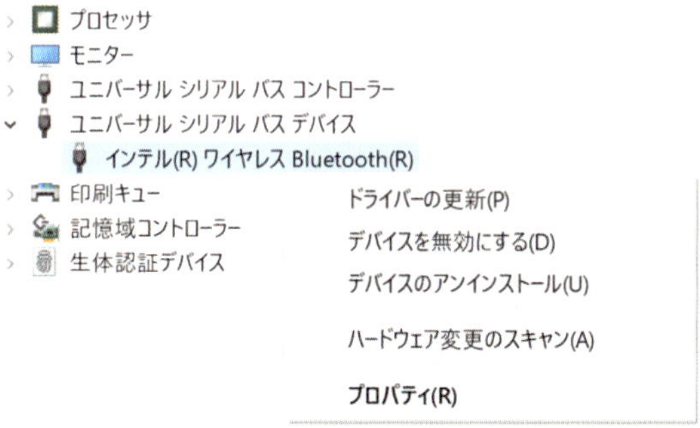

プロセッサ
モニター
ユニバーサル シリアル バス コントローラー
ユニバーサル シリアル バス デバイス
インテル(R) ワイヤレス Bluetooth(R)
印刷キュー
記憶域コントローラー
生体認証デバイス
ドライバーの更新(P)
デバイスを無効にする(D)
デバイスのアンインストール(U)
ハードウェア変更のスキャン(A)
プロパティ(R)

もしBluetoothドングルを入手した場合、上記の手順と異なり、USB接続と同じ手順になるため、さらに簡単に接続できるようになるでしょう。このドングルは一度ペアリングすると接続相手を記憶しているので、教室で多くの台数を同時に使うときは2.4G無線モジュールの代わりになります。また、専用に設計されているので、コードのアップロードやファームウェアの書き換えもBluetooth経由でできるようになります。

USB接続

USBはとてもなじみ深い技術ですが、mCoreのUSB接続は1つの点を気をつければ簡単です。

図2-11 | mCoreは、プリンターでよく使用されるスタイルであるUSB-Bプラグを使用します。それは頑丈で、ぶつかっても簡単には壊れません。

USB経由でmBlockに接続するときには、電池の取り付けの有無にかかわらず、ボード上の電源スイッチをオンにする必要があります。通常のArduinoボードでの安全な取り扱いに反しますが、mCoreは外部電源やUSBのどちらかから電力を受け取ることはできても、同時に両方を行うことはできないためです。このmCoreの設計は、この「2つの電源」問題を防ぎます。充電式電池が接続されている場合、電源スイッチがオフのときにUSBケーブルを差し込むとリチウム電池が充電されます。

この注意を心に留めておけば、USB接続をすることは簡単です。ボードをPCに接続し、電源スイッチがオンになっていることを確認し、メニューから適切なシリアルポートを選択します。Windowsマシンでは、これはCOMxになります。Macでは`/dev/tty.wchusbserialXXXX`という形式になります。

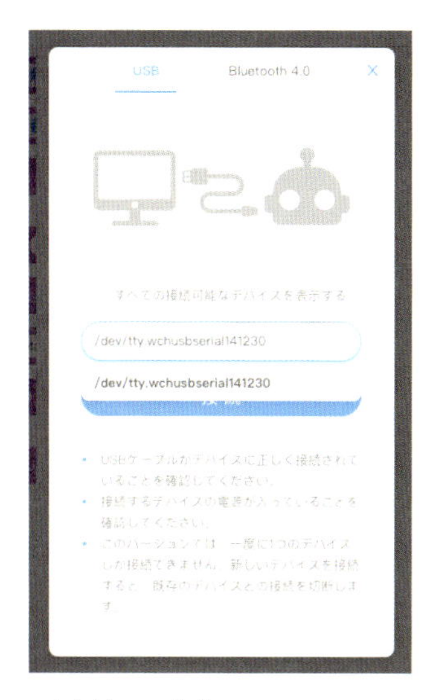

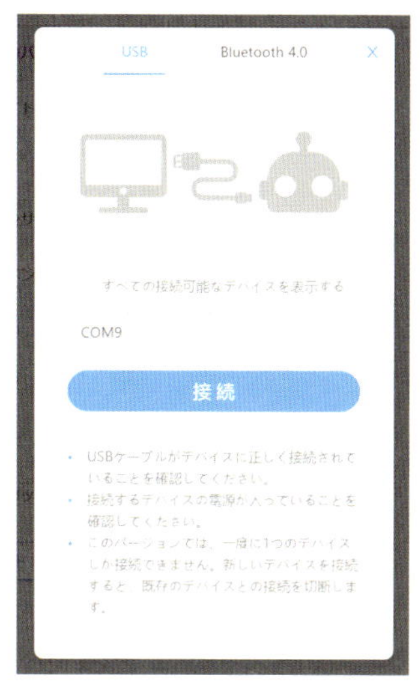

図2-12｜有線USB接続は、WindowsのCOMの番号は環境によって変わります。Macの場合/dev/tty.wchusbserialXXXXの項目です。

接続方法に関わらず、アップロードモードの切り替えにも注意してください。最初は「アップロードモード：オフ」で使用すると便利でしょう。「アップロードモード：オフ」というのは、プログラムのロジックはPCに残り、この有効な接続上でmCoreに送信されることを意味します。PCとロボットの間には常に命令とセンサーデータが双方向に流れています。mBotがバッテリー駆動の最中にこの通信が中断された場合、ロボットはmBlockによって送信されたプログラムの最後の部分を実行し続けます。mBotが無線通信の範囲外に出てしまい障害が発生すると、「通信圏外です」とは言わずに、ただ異常な振る舞いをする可能性があります。mBotを範囲内に運んでハードウェアを接続し通信を復元してから、mBlockプログラムを再び実行します。

2-8 教室用音量メーター

教室用音量メーターは教師グッズカタログの定番です[*10]。Makeblockの豊富なLEDユニットは物理的なプロジェクトとしても最適です。

mBlockでスプライトを使用して物理的なプロジェクトの試作をすることは非常に有効です。画面上の試作は装置の組み立てや接続作業から動作原理のプログラム構築作業を分離し、生徒がプログラムの処理の部分に集中できるようにします。ここに示す説明では、mBlockのMeサウンドセンサーをすぐに使わずにPCのマイクを使って最初に音量を測定します。私たちの教室では、最初のプロトタイプは通常mBotハードウェアの代わりに、PC上のセンサーまたは理想的なセンサーデータを表したmBlock5の変数を用います。

新しいmBlockプロジェクトを開始し、スプライトパレットのパンダのアイコンを右クリックし「削除」を選択するか、アイコンの右上の(X)印を押して、デフォルトのパンダを削除します(右図)。

そして、スプライトパレットの[追加]ボタンを押して開いたウィンドウの右上の「ペイント」ツールを使用して、新しいスプライトを作成します。ペイントエディターがベクターモードであることを確認して(ペイントツールの左下に[ビットマップに変換する]ボタンがあります)。単純な灰色に塗りつぶされた長方形を作成します。ベクターモードであれば、緑色、黄色、

訳注*10　教室備品として定番アイテムということです(例: https://www.amazon.com/dp/B001AZ2O2Q/)。

赤色の信号に合わせてあとで簡単にこの図形のサイズを変更することができます。

次に、ステージの下のスプライトパレットの右端のスプライトの詳細情報に注目します。生徒のための最良な実践の模範として、まずスプライトの名前を変更しましょう。スプライト1、スプライト2、スプライト3…スプライト16と並んで混乱してからでは遅いのです。すぐにやってください。いますぐ。

Scratchから引き継いだものとして、mBlockには、次の画像に示すように、スプライトと背景の豊富なライブラリがあります(画像でその量は見えませんが)。3つの信号のライトの素材としてこれらの中の1つを使用します。スプライトパレットの[追加]を押して、左上の検索欄で「button」と検索し“Button 1”を選択します。緑色のライトではこのまま使えますが、他の2つはコピーして色を変更する必要があります。

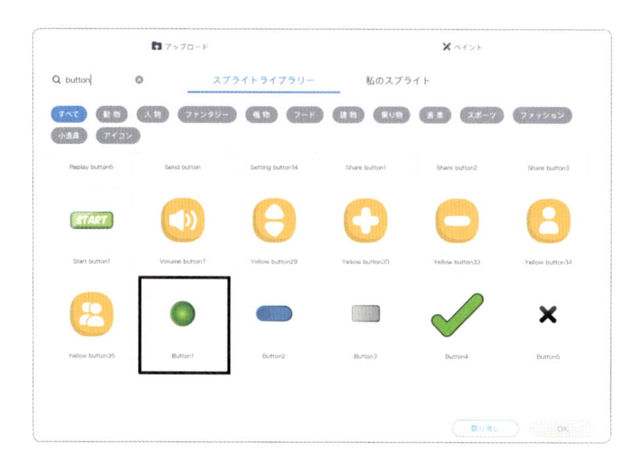

まず、スプライトパレット上で右クリックして“Button1”を2回複製します。次に、3つのボタンの名前をそれぞれ変更して、それぞれの塗られるべき色を示します。

スプライトパレットでRedLightを選択し、詳細情報の下にある[コスチューム]ボタンを押してペイントツールを開きます。Buttonスプライトはすでにベクターグラフィックなので、選択ツール(矢印)を使用して図形を選択し、グラデーションの色を変更するだけです。「充填」*11の色を押し、調色用のスライダーからRedLightのために2つの赤色系統の色を選びます。Button1スプライトは、フチと中央の部分を表す2つの図形があり、それぞれ色を変更する必要があります*12。

訳注*11　「充填」は“塗りつぶし”の意味で、中国語の表示が混ざっていると思われます。
訳注*12　縁取りの部分と中央の面の部分を表すために2つの円が重なっている。

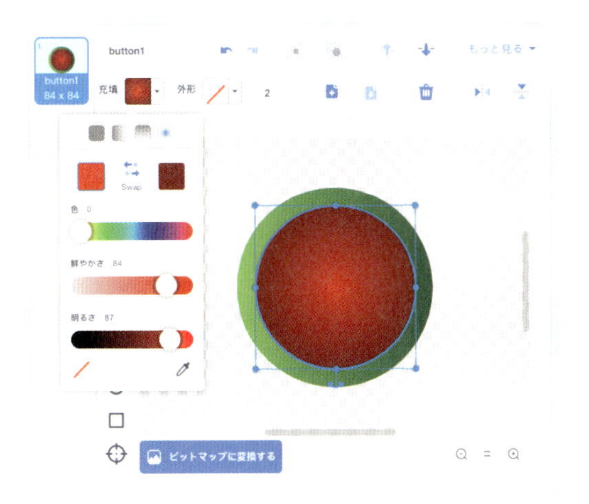

（YellowLight, GreenLightも同様に色を変更したら）いよいよプロジェクトにコードを追加するときがきました。Scratchと同じようにmBlockでは、各スプライト（および背景！）には、その動作と外観を制御するコード用のスクリプトパネルがあります*13。しかし、動き回るmBotを制御するために設計されたコードを書くときは、それらのスクリプトをすべて1つのスプライトにまとめるとよいでしょう。このプロジェクトは、mBotのセンサーデータの変化がステージ上に表示されるように設計されています。したがって、各スプライトがデータにしたがって外観を調整することは理にかなっています。これは緑色のライトを点灯させるための1つの方法です。

緑の旗のブロックはScratchでは一般的な、プログラム実行のトリガーの基本です。すべてのスプライトはそれぞれに緑の旗のブロックを持つことができます。実際、個々のスプライトには複数の緑の旗のブロックがあることがあります。複数の開始ブロックがあることで、スプライトは並列処理ができ、非常に便利です。しかし、この最初のプログラムでは、1つの緑の旗のブロックだけを使用します。

訳注*13　ペイントツールを閉じスクリプトパネルを表示するには、スプライト詳細情報の下にある「×」のボタンを押します。

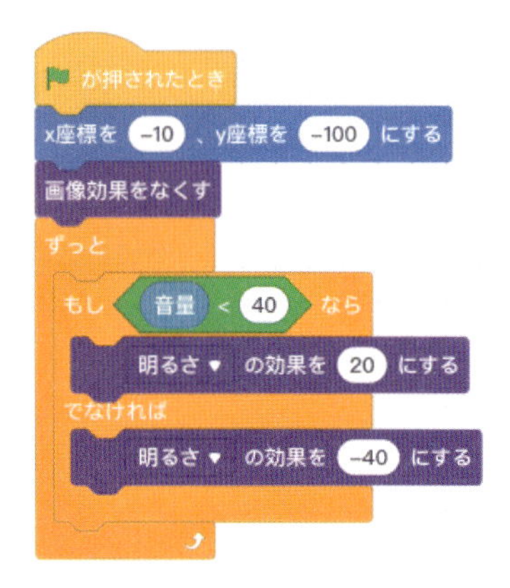

図2-13 | このブロックはステージ上の緑色のライトに書かれ（置かれ）、音量を常に測定します。音量が低くなると光が明るくなり、音量が上がると暗くなります。

プログラムを開始するときに、スプライトの位置と外観をリセットするのが賢明です。このプログラム中ではこれらのスプライトは移動することはないので、技術的にいえば必要ありませんが、子供のための模範的な良い習慣です。Scratchと同様に、mBlockには組み込まれたリセットやクリーンアップの仕組みはありません。「x座標を( )、y座標を( )にする」ブロックを追加してスプライトの初期位置を定義しておけば、緑の旗をクリックしてプログラムを再実行したときには、ステージ上で偶然クリックして動かしてしまったGreenLightスプライトも元の位置に戻ることになります。サイズ、コスチューム、または明るさや透明度などのグラフィック効果を含め、スプライトの外観に加えられた変更をリセットするには、同様にブロックが必要です。プログラムは、信号が点灯していることを表現するために交通信号のスプライトの明るさを調整するので、「x座標を( )、y座標を( )にする」ブロックの下に「画像効果をなくす」ブロックを入れて、このライトが消えた状態でスタートするようにします。

図2-14のすべてのブロックは、プログラムの開始時に表示された順序で1回実行されます。下に続くブロックは「ずっと」のループに囲まれています。つまり、すばやく無限に繰り返されることになります。

次に、「調べる」パレットの「音量」ブロックを使用してサウンドを確認します。Scratchの「調べる」機能はすべてmBlockに引き継がれました。Scratchは、ほとんどのPCに内蔵されているマイクとウェブカメラを利用するように設計され、周囲のノイズを測定するための単純なブロックが含まれています。駆け出しの若いプログラマーが、このような組み込まれた選択肢を利用できることは素晴らしいことです。ソフトウェアツールだけで始めることで、子供たちは配線やその他の物理的な煩わしさに触れる前に、プログラムの核となるアイデアに集中することができます。その後、アイデアがしっかりしてくると、満足いくロボットが作れるようになります。
「もし…なら」の比較演算子(不等号)は、設定したしきい値40に対して音の大きさを確認します。mBlockサウンドセンサーは0と100の間の値を返します。したがって、40は静かなほうではありますが、死んだように静かというわけではありません。音の大きさを測定してしきい値と比較すれば、音の大きさによってライトごとに異なる動作を作りこむことができます。

図2-14 | mBlockスクリプト内の「と言う」ブロックは、スプライトの上に吹き出しを配置します。

各ライトの点灯と消灯を表すために別々のコスチュームを作る代わりに、「見た目」パレットの「明るさの効果」ブロックを使用します。Scratchの画像の効果はmBlockに受けつがれ、コスチュームそのものを変更することなくステージ上のスプライトの外観を変更するために使用できます。「渦巻き」「幽霊」「ピクセル化」およびその他の画像効果の斬新な組み合わせは、多くの素晴らしい“ゲームオーバーの”アニメーション作品にとって重要な要素ですが、それらはスプライトを不可視にし、認識できなくします。それらをうまく利用してください。これらのブロックはすべて正の値または負の値を値として持つことができますが、必ずしもそれが見た目の変化を伴うとはかぎりません。

図2-15では、サウンドセンサーの値に基づいて、GreenLightスプライトの明るさを決定します。音量の値が40より低い場合、明るさは20に設定され点灯します。40より高い場合、教室はうるさすぎるとみなされ、明るさは−40になり、緑色のライトは暗くなります。

スクリプトブロックを別のスプライトにドラッグすると、そのブロックが新しいスプライトにコピーされます。これは素晴らしいショートカットですが、簡単にエラーを誘発してしまいます。このスクリプトブロックをGreenLightからRedLightスプライトにコピーすると、同じ動きをする2つのライトが作成され、部屋がうるさくなると点灯するライトと静かになると点灯するライトにはなりません。ブロックをコピーしてから、RedLightスクリプトパネルを開いて必要な変更を加えます。

最も単純な調整部分は、赤いライトの位置です。X座標の値を同じにすることで、ライトが真っ直ぐに揃うようにします。もちろん、横並びにデザインを変更してもかまいません。

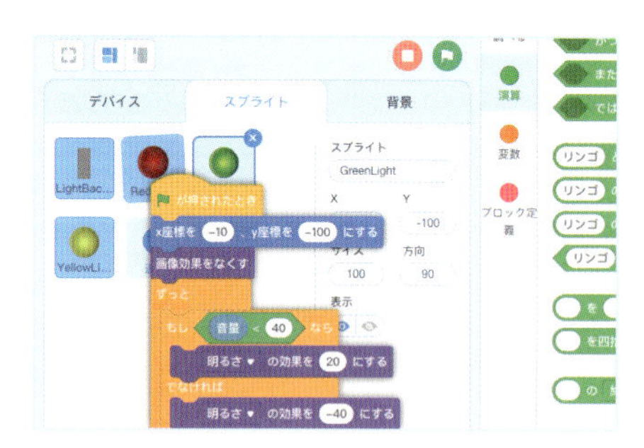

図2-15 | GreenLightに作成したブロックを他のスプライト（図ではRedLight）にドラッグ＆ドロップするとブロックがスプライト間でコピーされる。

また、サウンドセンサーが拾った音がしきい値を超えるかどうかチェックするようにスクリプトを変更する必要があります。mBlockでは、左右の角張った(六角形の)緑の演算子ブロックは、より大きい、より小さい、または等しいの評価式に変更できます。

YellowLightスクリプトもほぼ同じ方法でコピーして変更できます。唯一の問題は、黄色のライトは、音が静かすぎず、うるさすぎない場合に点灯するようにちょうどいい状態になる必要があります。Scratchで条件の論理グループを構築するには、「かつ(and)」ブロックと「または(or)」ブロックを使う必要があります。算術演算子ブロックと同様に、これらを何重にも入れ子にすることができます。Scratchの派生のUIで最大のハードルの1つは、長い計算や条件文がScriptsウィンドウの幅を超えてはみ出してしまうことがあることです。ステージの左下に、ステージのサイズを設定する3つの小さなボタンがあり、この一番右のステージの最小化を押し、スクリプトエリアを拡げることができます。

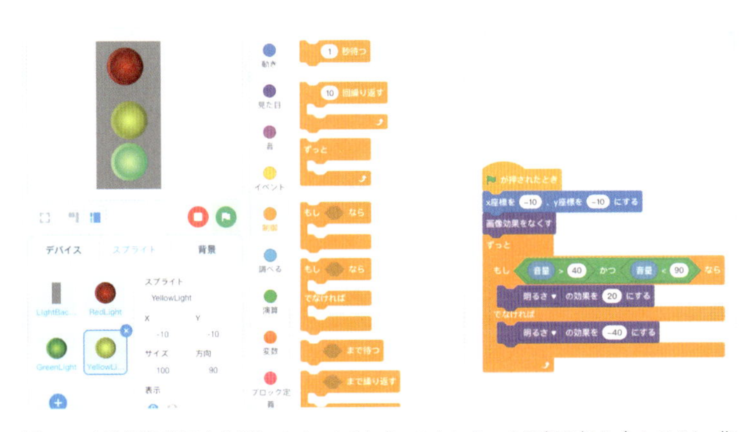

図2-16 | 論理演算子を使用して、1つの文に2つのセンサーの評価を組み合わせると、指定した範囲内の値を確認できます。

このスクリプトが完成すれば、試作したソフトウェアはテストの準備ができています。Meサウンドセンサーブロックの代わりにmBlockの「音量」ブロックを使用しているので、試作したプログラムは完全に機能しています。

プロトタイプをテストする前に最後に追加すべき便利なブロックがあります。センサーブロックをクリックして現在の値を見ることはできますが、これはサウンドのような常に変化するものにとっては手間がかかります。「ずっと」ループ内に「見ため」パレットの「と言う」ブロックを使用することは、センサー値を画面上に常に表示するための良い方法です。このプログラムには、各ライトのスプライトに1つずつ、3つの異なる「ずっと」のループがあり、「と言う」ブロックはどれか1つに追加すれば正常に動作します。

ここまでで説明したプロジェクトは、完全にソフトウェアベースで、mBlockがScratchから継承した部品のみを使用しています。私たちのクラスでは、期待に胸を膨らませた生徒たちの多くが、初日から工作をすることを熱望し、これらのソフトウェアでの試作に費やされた時間に文句を付けます。しかし、幸いにもmBlockとmCoreは動作しているプロトタイプを最終的な物理バージョンへ変化させることができ、次のステップを白紙状態から始めるのではなくちょっとずつ改訂していくように進められます。

すべてが上手くいくScratchの低い床の環境では、誰もが間違いや誤解を解決でき恩恵を受けることができます。子供たちのグループが作業する場合、ソフトウェアでの試作はプロジェクト全体の重要な部分です。大きな集団が機材の使用を開始すると、メンターや教師の注意の多くはそれらの部品を管理することに払われます。一度テーブルの上にケーブルや電池を広げ始めると、問題がハードウェアにあるのか、それとも根本的な考えにあるのかを素早く特定することは難しくなります。ソフトウェアでの試作を完璧にすることは、アイデアの実証(proof-of-concept)であり、残りのプロジェクト完遂への試金石となります。

プロジェクトでmBlockソフトウェアの環境に含まれているもの以外のセンサーが必要な場合、私たちはしばしばmCoreと入力のみを接続し、出力をステージ上に表示しモデル化します。特定のセンサーが足りない場合、試作ではmBlockの変数を使ってセンサーが返す値をシミュレートすることができます。条件の限られた試作は最終的なプロジェクトが上手くいくことを保証しませんが、画面上で動作しない設計は実際の部品で上手くいくことはほとんどありません。

教室音量メーター信号機をソフトウェアのみの世界から巣立たせる前に、すべてのMakeblockのセンサーがmBlockとどのように連携し動作するのかを詳しく見ておくことは意義あることです。

2-9 センサーをmBlockで使う

mBotプラットフォーム用に作成されたさまざまなセンサーには長大なリストがありますが、mBlockで動作するセンサーは、デジタルとアナログの大きく2つの種類に属していると考えるとわかりやすいでしょう。

デジタルセンサーは、実世界の何か1つのことを測定し、バイナリ値(はい／いいえ、オン／オフ、または1／0)を返します。ときにこれは古典的なプッシュボタンのような機械式の単純なセンサーであることもあります。また他のケースでは、焦電型赤外線センサーのように、ハードウェアは複雑ですが、返される値は依然としてバイナリということもあります。

mBlockでは、バイナリ値を持つブロックは細長い六角形です。この形状のブロックのみ、条件分岐やループの条件式の部分にはめることができます。

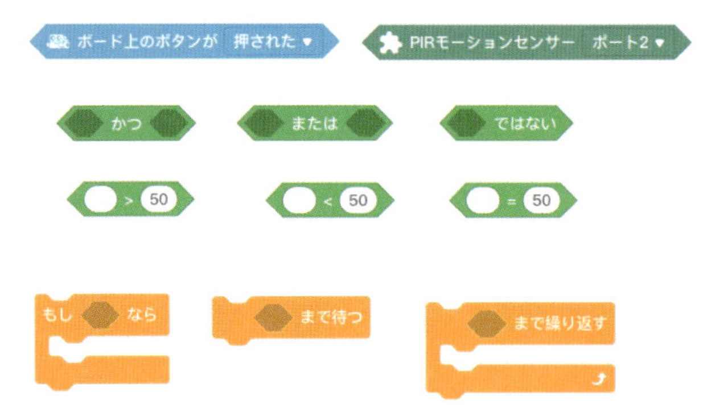

図2-17 | 緑色の演算子または六角形の青色のセンサーブロックは、バイナリ値を返します。真／偽または0／1です。

形状は異なりますが、これらのブロックは、変数ブロックの円形の穴にはめ込むこともできます。この矛盾*14は厄介ですが、しばしば役に立ちます。

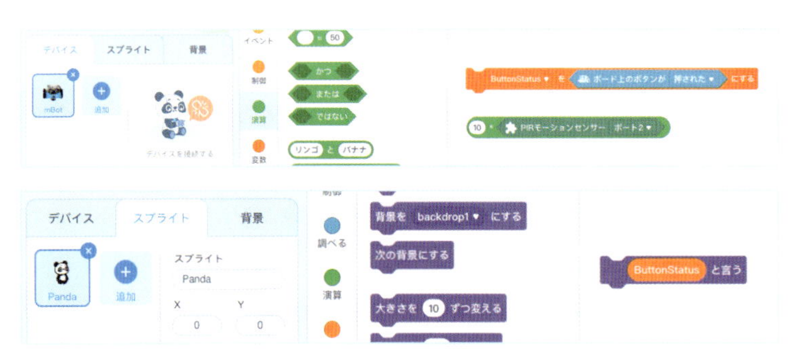

図2-18 | 六角形ブロックの結果はtrue/falseの文字列として扱うことができます。デバイスでセンサー値を変数に入れることで、その変数をスプライトに喋らせてセンサーの状態を確認することも可能です。

アナログセンサーは、もう一方のセンサーの種類で、mBlockに測定値をある幅の数値で返します。通常は整数(ただし常にではありません)で、通常は正の値(常にではありません)となっています。

訳注*14　ブロックの形状と穴の形が合っていないこと

これらのセンサーがどうやって値を得るかは、それぞれ大きく異なりますが、基準としてすべてのセンサーは配線上の電圧を調整して情報を送っています。多くのマイクロコントローラーは、バイナリ信号を期待しており、アナログ信号を読み取る機能は限られています。Arduino UnoとmCoreの心臓部であるATmega328マイクロコントローラーは、ポート3と4のみアナログ信号を読み取ることができます。Makeblockのアナログセンサーとポートは濃い灰色のカラーコードで示されています（黒のプラスチック部品に付けるには「最悪」の色づかいだと思いますが）。

アナログセンサーのブロックはすべて楕円形です。つまり、数値を入力したり、別の楕円形のブロックを入れられる場所であれば、それらのセンサー値を使用できます。

mBlockセンサーでもう1つ疑似的なカテゴリとして、複数の情報チャンネルをまとめて1つの物理的なパッケージにまとめたものがあります。子供にとって最もなじみがあるのは、Meジョイスティックで、これは、Nintendo 64以降のすべてのビデオゲームのコントローラーで見られるものと同じ標準的なアナログジョイスティックです。mBlockでは、Meジョイスティックのブロックは、一度に1つの値（X軸またはY軸の値）のみを返します。1つのブロックでは両方の値を同時に返すことはできませんが、図2-19に示すように、それらを一緒にして大きな文にまとめることができます。

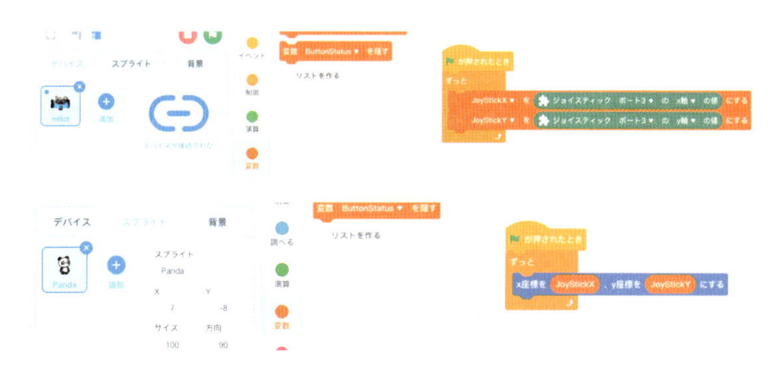

図2-19 | ジョイスティックはブロックを2つ用いてX,Yの値が取り出せます。図のように変数を介すことで、Meジョイスティックでスプライトをステージ上で動き回らせることができます。

Makeblockの複数センサーをまとめたものは他にも、mBotのライントレース（2つのデジタル光センサー）センサーと、Me3軸加速度センサーとジャイロセンサーがあり、それは3つの異なる角度を読み取りそれらの値が返されます。

2-10 センサーのレシピ

現実の世界と対話するために、mBlockは、プログラムがセンサーデータを受け取ったときにどのような動作を起こすべきかを記述する必要があります。音量メーター信号機のプログラムはその代表例で、各部品は、サウンドセンサーを絶えず測定し、結果として2つの状態を切り替えます。

これは、ScratchやmBlockを始めたばかりのプログラマーが皆つまずくところです。しばしば、彼らは望んでいる動作を非常に大まかに表現することがあります（「宇宙船は、すべての虫を撃ってそれらはみんな潰れる感じ!!」など）。しかし、複合的な動作を小さな部分に分解するための語彙と経験が欠けています。

生徒はしばしば自分が望んでいる動作を記述することもできたとしても、それらの動作を作るにはどのようにブロックを組み合わせるとよいかを知るために、基本的なプログラミングの概念やmBlock環境に精通する必要があります。そうしたギャップを埋めるために、専門的な用語の傍らに子供向けの解説も表示し、センサーデータを出力に結び付ける基本的な方法をカタログ化した時短レシピリストを作成しました。

これらのモデルを調べることは、学習者が想像している動作が、ブロックやコードではどう表現されるのかを理解し始めるのに役立ちます。レシピは、ただセンサーの値を観察することから、データを使用するシステムを作成することに移行するのに役立つ便利なツールです。

ブロックベースのプログラミングは、プログラミングの概念の視覚的な構造（すなわち任意のセンサー、任意の出力で動作する構造）を明確にします。わかりやすくするために、アナログ値にはオンボードの光センサー、デジタル値にはオンボードボタン、出力としてモーターを使ったmBotの動きを使用しました。これらのレシピを読むときには、それらの入力と出力を、使用したい任意のセンサーや出力に置き換えて考えてください。

ラッチトリガ「センサーの値が条件に合致すると何かを実行する」

これは映画でよくある古典的な侵入者アラートです。このループは動作をセットしたあと、センサーをチェックし続け、しきい値と比較し、しきい値を超えると動作は変化し元に戻らなくなります。

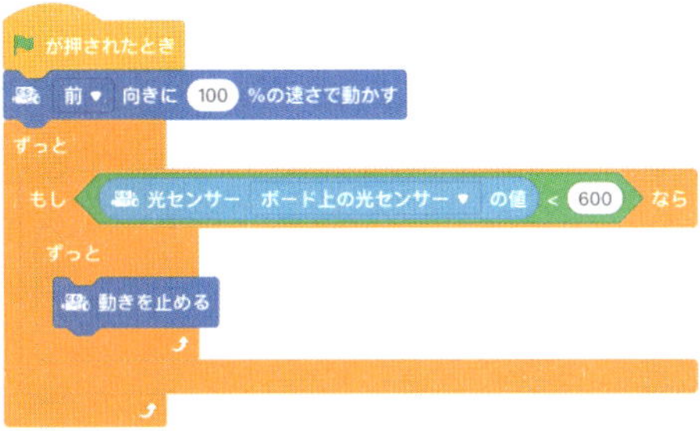

```
が押されたとき
前▼ 向きに (100) %の速さで動かす
ずっと
  もし < 光センサー ボード上の光センサー▼ の値 < (600) > なら
    ずっと
      動きを止める
```

リセット付きラッチトリガ「センサーの値が条件に合致すると何かを実行するが、別の操作で止められる」

窓の外で鳴っている車の防犯アラートは鳴り続けると思いがちですが、ほとんどの場合、なんらかのリセットボタンのしくみが存在します。このスクリプトは、前のコードブロックを基に、別のセンサーを使用して最初の動作にリセットする機能を追加します。

```
が押されたとき
ずっと
  前▼ 向きに 100 %の速さで動かす
  もし 光センサー ボード上の光センサー▼ の値 < 600 なら
    ボード上のボタンが 押された▼ まで繰り返す
    動きを止める
```

状態チェック
「センサーの値によって、2つ以上の状態を切り替える」

これは前出の信号機の教室音量計で使用されていたのと同じ種類のチェックです。このスクリプトは、常にセンサーをチェックし、最後に取得した値に基づいて動作を変更します。

```
が押されたとき
ずっと
  もし ボード上のボタンが 押された▼ なら
    前▼ 向きに 100 %の速さで動かす
  でなければ
    動きを止める
```

```
が押されたとき
ずっと
  もし 光センサー ボード上の光センサー▼ の値 > 50 なら
    前▼ 向きに 100 %の速さで動かす
  でなければ
    動きを止める
```

デジタルセンサーは2つの値の間が入れ替わるだけですが、アナログセンサーはある範囲の値を出力します。「あれ、またはこれ、またはこれ以外のこと」を行うプログラムを探しているときは、状態チェックスクリプトを拡張する必要があります。この状態モニターのバリエーションでは、入れ子になった「もし…なら」ブロックを使用します。

```
が押されたとき
動きを止める
ずっと
  もし 光センサー ボード上の光センサー▼ の値 > 700 なら
    前▼ 向きに 100 %の速さで動かす
  でなければ
    もし 光センサー ボード上の光センサー▼ の値 < 300 なら
      後▼ 向きに 100 %の速さで動かす
    でなければ
      動きを止める
```

このスクリプトはセンサーを2度読み取っていることに注目してください。これらの測定値はすばやく繰り返し測定されるため、光センサーの値が極端に変化していないと仮定もできますが、瞬間的に異なる値を生成する可能性があります。さらに、mBlockプログラムのアップロードモードがオフの場合、各センサーの読み取りにはPCとmCoreの間の双方向通信が必要です。この通信には100ミリ秒以下の時間がかかりますが、プログラムが複雑になるにつれて遅延が増える一方です。これらの問題を避けるためには、センサーの読み取り値を保管して同じ値を複数回チェックすることが必要です。別の言い方をすると、変数が必要です。

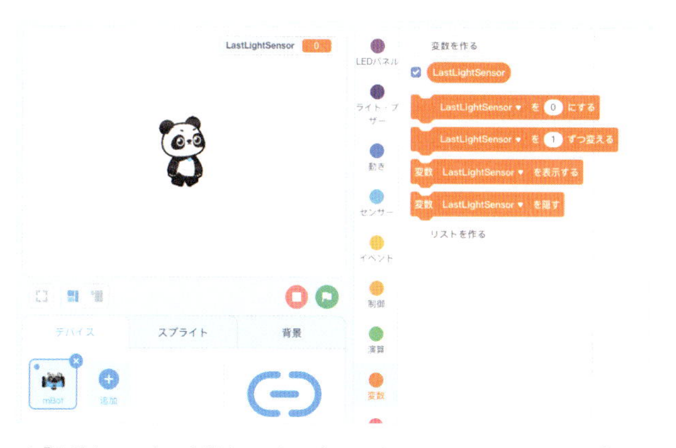

図2-20 ｜「変数」パレットで変数とリストのブロックを見つけることができます。[変数を作る]または[リストを作る]ボタンを選択します。

mBlockの変数は、親しみやすく確認しやすいように設計されています。新しい変数が作成され名前が付けられると（適切な名前を付けてください！）自動的に画面の角に表示されます。この表示は、変数名の横にある小さなボックスのチェックを外すか、「変数…を隠す」ブロックを使用してオフにすることができます。

変数に関するブロックはとても種類が少ないです。「“変数名”を…にする」ブロックは、現在のデータを上書きして新しい値を残します。「“変数名”を…ずつ変える」ブロックは、現在の値を増加させたり、負の数を入れて減少させます。このレシピにとって最も重要なのは、変数の楕円形のブロックは、mBlock全体でどの丸い入力欄でも使用できることです。

99ページの3つの状態チェックを、変数を使用して光センサー値を格納するように書き直しました。

これで明るさセンサーがループの一番上で一度読み取られ、その値が“LightVal”に格納されます。すべてのチェックは、センサーそのものに行われるのではなく、この変数に格納されたデータに対して行われます。センサーデータの突然の変化の影響を受けず、mBlockとmCore間の通信時間が最小限に抑えられます。

このループは、センサーの読み取った値を2つのしきい値と照合して、3つの起こりうる結果、すなわち、値が大きい、小さいおよびその間の結果を与えます。この例では、“LightVal”の値が700より大きい場合はモーターがフルスピードで正転し、300より小さい場合はフルスピードで逆転し、700から300の間の値の場合はオフになります。

mBlockの論理演算子を使用すると、1つの文で2つのしきい値の間の値をチェックできます。この手法では、センサーの読み取り値を多数の個別セグメントにスライスすることができます。これらの文は、与えられた瞬間に1つの結果が真となるように構成されているため、スイッチケースと呼ばれます。

```
が押されたとき
動きを止める
LightVal を 0 にする
ずっと
  LightVal を 光センサー ボード上の光センサー の値 にする
  もし LightVal > 700 なら
    前 向きに 100 %の速さで動かす
  もし LightVal < 700 かつ LightVal > 500 なら
    前 向きに 50 %の速さで動かす
  もし LightVal < 500 かつ LightVal > 300 なら
    動きを止める
  もし LightVal < 300 なら
    後 向きに 100 %の速さで動かす
```

スイッチケースの性能は、センサー値としきい値の設定に完全に依存します。光センサーのために12分割のスイッチケースを組み立てることは可能ですが、環境光が完全に一貫していないかぎり、曇った日や混雑した部屋といった状況に合わせてしきい値を調整するのに多くの時間がかかるでしょう。

これらのレシピは、任意のセンサーとあらゆる出力動作で使用できます。特定の数のライトをオンにする、または他の個別のアクションを実行することが目標の場合には、これらのスイッチケースは信頼できます。

比例制御「センサーの値に応じて、出力を変化させる」

次のコードでは、“LightVal”は光センサーの数値に関連付けられ、直接モーターの速度を制御するために使用されます。これは一見良さそうですが、光が暗くなるとモーター速度は低くなり、明るいときはモーター速度が速くなるでしょうか。実際はすこしがっかりするでしょう。考えたことと起こったことの間にギャップがある場合、プログラムの前提を探ることが役立ちます。“LightVal”の値をモーターの速度として使用するということにより、このプログラムは、センサーがモーターの入力範囲に合うように値を生成することを前提としています。

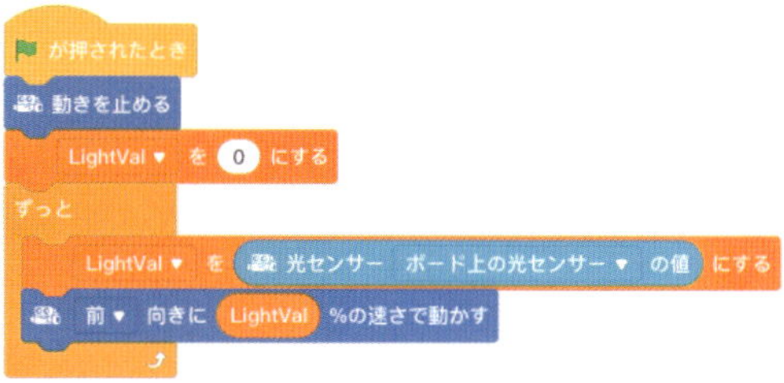

```
が押されたとき
動きを止める
LightVal ▾ を 0 にする
ずっと
  LightVal ▾ を 光センサー ボード上の光センサー ▾ の値 にする
  前 ▾ 向きに LightVal %の速さで動かす
```

光センサーは、(快適な室内照明はであれば400〜600の範囲ですが)約0〜1000の範囲で値を返します。mBotの動きのブロックはどちらの方向にも回転でき、前後の方向の指定に対して−100%はフルスピードで逆転、100%はフルスピードで正転します。また、ゼロ付近の速度では、黄色のmBlockモーターのギアを回すのに十分な力が発生しません。センサー出力とモーター入力値のこの不一致は、上のループの動作が上手くいっていないことを説明しています。光センサー値をモーターブロックに直接差し込むと、ほとんどの屋内照明でフルスピードになります。さらに悪いことに、光量は決してマイナスになることはないので、モーターは逆回転しません。

センサーが決まり、出力も与えられ、そしてすこしの時間があれば、センサーの値を入力の理想的な範囲に合わせるために何らかの算術演算を組み合わせることは簡単にできます。もし私たちの部屋の明るさの値が400から600の間で、モーター速度が-100から100の間でなければならない場合は、減算を使って範囲をずらすことができます。

ある範囲から別の範囲に値を変換する行為をマッピングといい、このマッピングをカスタムブロックにすることができます。

が押されたとき
動きを止める
LightVal を 0 にする
ずっと
LightVal を 光センサー ボード上の光センサー の値 にする
前 向きに LightVal - 500 %の速さで動かす

図2-21 | 環境光の読み取り値が400から600の範囲である場合、各読み取り値から500を引いた値が-100から100の範囲のモーター出力を生成し、前後に変化する運動を引き起こします。

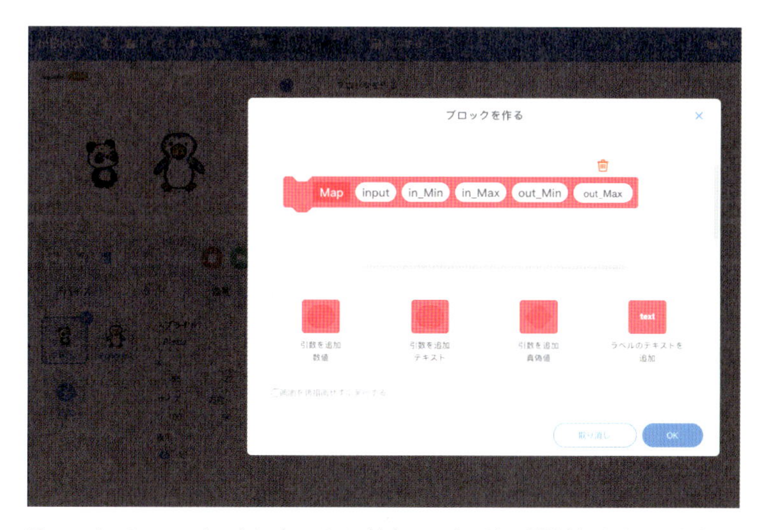

図2-22 | mBlockのカスタムブロックは、特定のスプライトに関連付けられています。ここでパンダは「Map」を使うことができますが、ペンギンは「Map」ブロックを使えません。

カスタムブロックはブロック定義とも呼ばれ、mBlockプログラムが驚くほど読みやすくなる強力なツールです。一般的な規則として、特定のブロックのシーケンスがプログラムで2回以上現れた場合、それらはおそらくカスタムブロックとしてまとめられるべきです。

これらのカスタムブロックは、単一の動作をする機能やプログラムではないことに注意してください。それらはより大きなプログラムと名前空間を共有し、そのプログラムと同じ行動を実行することができます。カスタムブロックはレポーター*15ではないので、Map関数の出力を保存する最も良い方法は、“map_output”という変数を作成することです。

map input in_min in_max out_min out_max を定義します。
map_output ▾ を input - in_min * out_max - out_min / in_max - in_min + out_min に設定する

図2-23 | このカスタムブロックはArduinoの`map()`関数を再現します。この機能の詳細については、*https://www.arduino.cc/reference/en/language/functions/math/map/*を参照してください。

この説明のMapを使用するには、入力の範囲と出力の範囲を知る必要があります。それがわかったら、センサーブロックを最初の丸い穴にドロップすることができます。

が押されたとき
動きを止める
LightVal ▾ を 0 にする
ずっと
Map 光センサー ボード上の光センサー ▾ の値 0 1000 -100 100
LightVal ▾ を map_output にする
前 ▾ 向きに LightVal %の速さで動かす

図2-24 | シフトしたい値を「Map」の最初の欄に入れ、そのあとにその入力の範囲を入力し、次に希望する出力範囲を入力します。

訳注*15　丸や六角形の値を返すブロック

図2-25 | Meサウンドセンサーはアナログ値をレポートするので、mCoreのアナログ入力（ポート3または4）を使用する必要があります。

新しいセンサーを接続したときは、最初のテストプログラムはいつも「ずっと」ループに「と言う」ブロックを入れることになります。これは、ハードウェアとソフトウェアの接続をずっとセンサーからmBlockのステージに伝え、実際のセンサー値を表示します。この小さなスクリプトを実行して、Meサウンドセンサーをテストします。小さな音を出してみます。キーボードで音を立て、テーブルを叩きます。部屋の全員が10秒間息を止めてみましょう。技術的にはセンサーの値は0〜1024の範囲ですが、あなたにとっての静かさや騒々しさが実際の部屋でどのような値となるかを知ることは重要です。実際の環境のデータだけが、プログラムの有用なしきい値を作成するのに役立ちます。以下の音量メーターの例で使用される数字は、これらのメーターを実際に設計した教室や子供たちによるものです。

「と言う」ブロックの吹き出しで音量データのちらつきを見ていると、部屋の音量が急激に変化することがわかります。音量は瞬間的な音を連続して測定します。本の落ちる音、椅子のきしみ、または集団の息、くしゃみのうるさい人のために、私はこの信号機がいくつかの瞬間的な音量の急な変化を無視して、代わりに継時的な増加に反応するようにしたいと思います。これを行うために、サンプリングの世界への扉を開きます。

図2-26のブロックは、センサーをサンプリングし、単一の読み取り値ではなく平均値を返すとても基本的な方法を示しています。ここでは、たとえば、"RecentSounds"という名前の変数をもう1つ作成し、それを使用して10個のセンサーの読み取り値を格納することを意味します。"RecentSounds"は10の個別の値を保持しないことに注意してください。すべての値を加算するだけです。変数の代わりにリストを使用すると、mBlockは入力データの永続的なコレクションを格納できます。これについては4章で説明します。読み取りが完了すると、平均値はおなじみのSoundLevelブロックに保存されます。このブロックには「ずっと」のループはありません。大きなプログラムの中で単一のコマンドとして使用するように設計されているからです。

図2-26 | カスタムブロックを使用すると、このサンプリングプロセスの複雑さを信号機のプログラムの本体の外に視覚的に隠すことができます。

ここまでは、サウンドセンサーを使用して室内の音量を監視することに重点を置いてきました。そのパッシブセンサーを信号機に仕立てるには、プログラマブルなRGB LEDを使う必要があります。現実の世界の信号機は通常、色を変えるライトを使用しません。一番上は常に赤で、一番下は常に緑です。mBotは多数の単色のLEDに電力を供給できますが、彼らの販売するLEDアクセサリーはすべてアドレス可能、それはつまり、一連のライト1つずつが独自の色を持つことができます。これらのRGBライトは厳密にはWS2812といって、AdafruitオリジナルのNeoPixelsに似ています。Makeblockはいくつかの異なる形状でプログラマブルRGB LEDを販売していますが、それらはすべてmBlockとMakeblock Appで同じように動作します。

各ライトボードをmBlockの別のポートに接続します。具体的にはMeサウンドセンサーは現在ポート3を使用しているため、ポート1、ポート2、ポート4にライトを接続することを意味します。

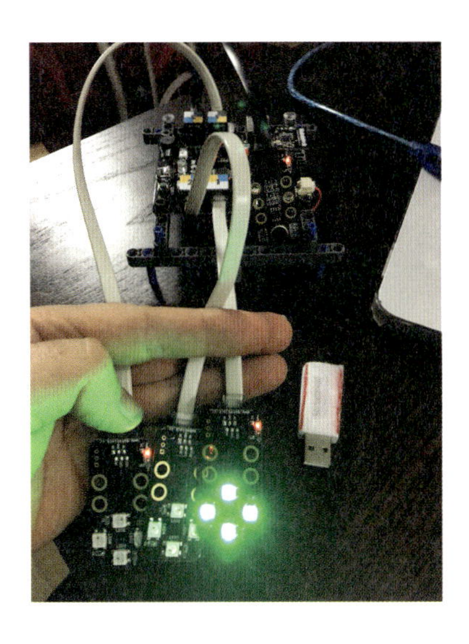

各光源(Me LEDボードまたは長めのMe LEDストリップのいずれか)に別々のブロックを使用して、赤、緑、および青チャンネルの強度を0〜255の値で指定します。

RGB LED ポート4▼ の 全て▼ を赤 255 緑 0 青 0 で点灯する

mBlockでこれらのライトを操作するためには手の込んださまざまなトリックがありますが、信号機のために必要なのは、1つのライトを適切な色にし、他の2つをオフにすることだけです。

RGB LED ポート1▼ の 全て▼ を赤 0 緑 0 青 0 で点灯する
RGB LED ポート2▼ の 全て▼ を赤 0 緑 0 青 0 で点灯する
RGB LED ポート4▼ の 全て▼ を赤 255 緑 0 青 0 で点灯する

このプログラムは、ある程度まで人間が読める形式です。mBlockスクリプトエリアがほぼ同じようなブロックでいっぱいになると、ポート2が、緑色の光か、黄色の光かわからなくなります。スクリプトを解析しやすくするために、カスタムブロックを作成することができます。今回は、LEDブロックに意味を持たせ、単純に名前を付けたグループに分けるだけです。

この改訂されたプログラムは、画面上のプロトタイプと現実のライトを組み合わせたものになりました。子供たちがその2つの間の挙動を見比べ確認する絶好の機会となります。

2-11 Arduino(mCore)へのアップロード

これまでのすべてのプロジェクトでは、mCoreのメモリに書き込まれたデータは一切変更されていません。リモートコントロールを使用してmBotを動かしても、ソフトウェアは変更されません。Makeblock AppとこれまでにmBlockで行ってきたプログラミングは、常にmBotにコマンドを送信しますが、ボード上のメモリに保存されているプログラムを書き換えることはありません。

ここでは、mBotの「つながれた(tethered)」動作から自律した動作に移ります。有線USB接続を使用して、プログラムをmCoreに直接アップロードすることができ、このプログラムは、リセットや電源の入れ直しをしてもそこにとどまり再び読み込まれるようになります。プログラムをアップロードすることは、PCを持っていなくても動作するロボットを作成する唯一の方法です。

```
が押されたとき
ずっと
  SampleSoundLevel
  もし SoundLevel < 200 なら
    SetGreenLight
  でなければ
    もし SoundLevel < 400 なら
      SetYellowLight
    でなければ
      SetRedLight

定義 SetGreenLight
RGB LED ポート1 の 全て を赤 0 緑 255 青 0 で点灯する
RGB LED ポート2 の 全て を赤 0 緑 0 青 0 で点灯する
RGB LED ポート4 の 全て を赤 0 緑 0 青 0 で点灯する

定義 SetYellowLight
RGB LED ポート1 の 全て を赤 0 緑 0 青 0 で点灯する
RGB LED ポート2 の 全て を赤 255 緑 255 青 0 で点灯する
RGB LED ポート4 の 全て を赤 0 緑 0 青 0 で点灯する

定義 SetRedLight
RGB LED ポート1 の 全て を赤 0 緑 0 青 0 で点灯する
RGB LED ポート2 の 全て を赤 0 緑 0 青 0 で点灯する
RGB LED ポート4 の 全て を赤 255 緑 0 青 0 で点灯する

定義 SampleSoundLevel
RecentSounds を 0 にする
10 回繰り返す
  RecentSounds を 音声センサー ポート3 の値 ずつ変える
SoundLevel を RecentSounds / 10 にする
```

図2-27 | カスタムブロックがきちんと動いたら、メインプログラムの近くに見えるように置いておく必要はありません。右へスクロールして遠くにそれらを追放し、あなたの作業スペースを整頓しましょう。

この時点で、「普通の」Arduinoやマイクロコントローラーに精通している人ならだれでも「ようやく!」と怒りとともにため息を漏らしているでしょう。ほぼすべてのArduinoチュートリアルでは、LEDを点滅させるためにボードにコードをアップロードすることが始まりなのです。アップロードモードオフのプログラムは、mCoreにコードをアップロードするときに表示されないたくさんの機能を提供しています。プログラムをmCoreにアップロードするので、ボードとPCの間に相互作用がなく、Scratchから派生した多くのmBlock機能を使用する方法はなくなります。あなたが使用するすべてのブロックは、Arduino言語で書かれたコードに翻訳されます。mBlockプログラムをコンパイルしてアップロードするときには、「緑の旗が押されたとき」で始まるプログラムとは異なる「ハット」ブロックが必要です(Scratchの習慣では、上部が曲線のスクリプトの一番上のブロックをハットブロックと呼んでいます)。

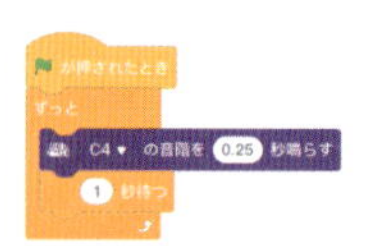

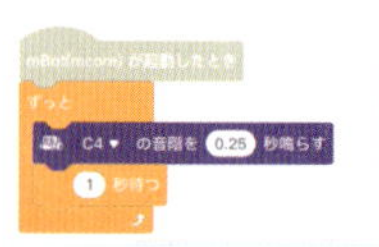

図2-28 | アップロードモードがオフの状態では緑の旗のハットのみが動作し、mBotプログラムハットは効果がありません。

これらのプログラムは同じ動作をしますが、mBotプログラムハットを使用するスクリプトはコンパイルとアップロードが必要です。

一般に、データ／その他、制御、演算子、およびロボットパレットのブロックのみが、コンパイルされアップロードされたプログラムで動作します。他のブロックがmBotハットの下のスクリプトに現れると、mBlockはエラーメッセージを表示します。

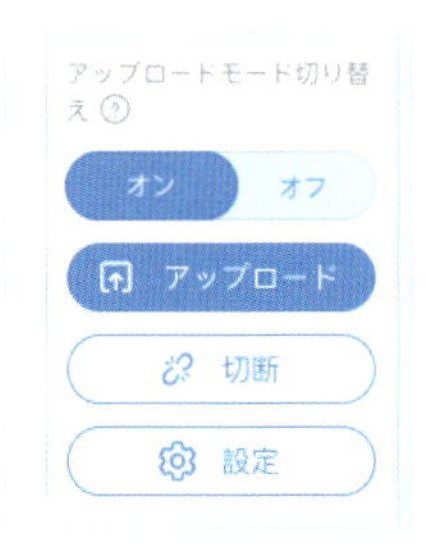

図2-29 | アップロードモードをオンにすると、アップロードボタンが出現し、「mBot（mCore）が起動したとき」の下に組み立てられたコードがアップロードされる。

2-12 自律式教室用音量メーター

音量メーターが教室での使用に役立つためには、電化製品のように機能する必要があります。電源スイッチをオンにすればライトがすぐに起動します。幸い、mBlockを使えば、PCを必要とするインタラクティブなプログラムをボードにアップロードして簡単に独立して動作するものにできます。

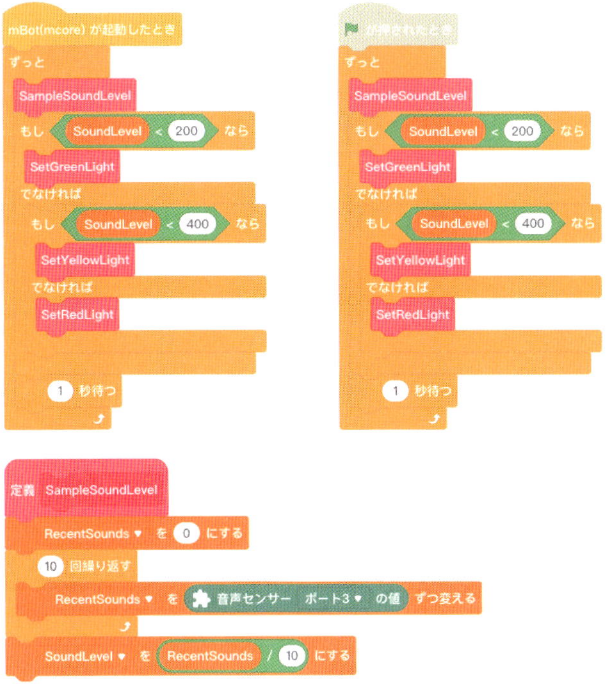

図2-30 | RGBライトを制御するために使用される定義されたブロックは、このプログラムの一部ですが、現時点では分かりやすくするために掲載していません。

以前のバージョンのプログラムから削除されたものはありません。mBotプログラムハットの下に1つスクリプトを追加し、スプライトの位置を画面上で参照していた2つのブロックを削除しました。コンパイルとアップロードを行うと、mBotプログラムハットの下のブロックとそのスクリプトで使用されているカスタムブロックのみがArduinoコードに変換されます。これは、PCとmBotがつながった状態で動作するプログラムとコンパイルされるプログラムが1つのmBlockファイルに共存できることを意味します。PCとmBotが接続されているときに緑色の旗がクリックされると、PC側のプログラムが実行されます。PCを使わずにプログラムを実行させたい場合は、mBotプログラムハットを右クリックしてArduinoモードを選択してください。もしくは、編集メニューに移動してそこから選択することもできます。

アップロードモードをオンにすると、コードエリアの右上に黄色い小さなタブが現れ、現在のスクリプトのテキストバージョンを表示するテキストウィンドウが表示されます。そのウィンドウからコードをコピーし一度閉じたら、右上のArduino Cのタブを開いてそこにペーストすればArduinoのテキストでのコード開発を続けることもできます。

図2-31 | アップロードモードがオンになっているとき、画面の右上には、黄色い小さいタブが出現します。開くとArduinoで書かれたコードが表示されます。

テキストバージョンを注意深く読むと、ブロックとArduinoコードの間でmBlockがどのように変換されるかについて多くの情報を得ることができます。以下の画像の右側にあるテキストバージョンを詳しく見ていくと、SetGreenLightカスタムブロックがArduino関数の`void SetGreenLight()`に対応していることがわかります。

```
16  void SetGreenLight (){
17    rgbled_1.setColor(0, 0, 255, 0);
18    rgbled_1.show();
19    rgbled_2.setColor(0, 0, 0, 0);
20    rgbled_2.show();
21    rgbled_4.setColor(0, 0, 0, 0);
22    rgbled_4.show();
23
24  }
25
26  void SetYellowLight (){
27    rgbled_1.setColor(0, 0, 0, 0);
28    rgbled_1.show();
29    rgbled_2.setColor(0, 255, 255, 0);
30    rgbled_2.show();
31    rgbled_4.setColor(0, 0, 0, 0);
32    rgbled_4.show();
33
34  }
35  void SetRedLight (){
36    rgbled_1.setColor(0, 0, 0, 0);
37    rgbled_1.show();
38    rgbled_2.setColor(0, 0, 0, 0);
39    rgbled_2.show();
40    rgbled_4.setColor(0, 255, 0, 0);
41    rgbled_4.show();
42
43  }
44  MeSoundSensor soundsensor_3(3);
45  void SampleSoundLevel (){
46    RecentSounds = 0;
```

アップロードを選択するとコンパイラーが起動します。コンパイラーは人間が読めるArduinoプログラムをhexファイルに変換し、そのhexファイルをmCoreにアップロードします。コンパイル時に右下のウィンドウに表示されるエラーメッセージは、しばしばコンパイラーエラーメッセージとシリアル通信コードが入り混じります。天文学的な数におよぶエラーの問題を解決することは、この本の範囲をはるかに超えています。実際には、この段階で子供たちが遭遇するほとんどのエラーは、mBotからUSBケーブルが外れているところに原因があります。あるPCを使用してプログラムを初めてアップロードする場合は、Arduinoドライバーがインストールされていることを確認してください。このプロセスの前半では、Bluetooth、およびUSB接続の概要が説明されています。

アップロードが完了すると、音量メーター信号機プログラムがmCoreのメモリに書き込まれます。ボードの電源を切り、USBケーブルを抜いて、もっと良い信号機を作りましょう。

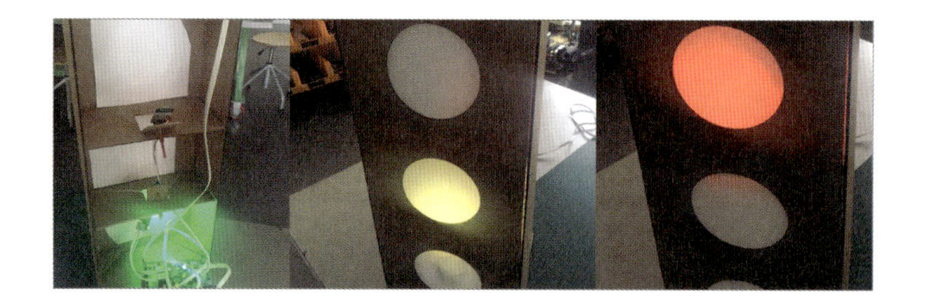

ついに！ 赤外線リモコンで制御可能な汎用ロボットの代わりに、Bluetoothで接続されたタブレット、またはmBlockから発行されたコマンドで制御された、音に反応するバッテリー駆動の信号ができました。汎用的で柔軟なツールから、単機能で単体動作するマイコンへの移行は、若いデザイナーにとって大きなステップです。しかし、それはデザインプロセスの最後のステップであってはなりません。

このような作りかけの段ボールのプロトタイプは、しばしば子供にとってはプロジェクトのゴールに見えます。厳密な機能チェックリストに従う学生の観点からは、この教室用音量メータープログラムは明らかに「完成」しています。変更を加えるには、すでに機能しているものを元に戻す必要があります。これに安堵するのではなく、完成したように見える最終的な試作品に対する審査とピアレビューを行うようにしましょう。その結果が「やり直し」だったとしても、若いメイカーは、改善のための反復的な考え方と目を養う必要があります。このように反復させる最良の方法の1つは、プロトタイプを使ってテスターがデザイナーに正直なフィードバックを伝えることです。

シンプルな批評は、デザインに大きな変化を促すことができます。もし、ユーザーが自分で音量レベルを調整する方法を望んでいる場合、それはどれだけのシステムに影響するのか？ まず、プロジェクトに何らかの追加形式の入力、おそらくいくつかのボタンやポテンショメータを追加することを意味します。その結果、それはライトのためにより少ないポートを使用するこということになります。LEDテープを使うのか、オンボードLEDを使用するようにmCoreを配置するのがいいのか。どのデザインがより安定して、教師がライトを縦または横に置くことができるようになるでしょうか？

mBotの拡張性と、mBlockの初心者に優しいプログラミング構文の組み合わせにより、教室音量メーターのようなインタラクティブなプロジェクトを簡単に作成することができます。しかし、設計の課題は、これらの初期プロトタイプを実際のユーザーや環境の要求を満たすものに改良することから生まれます。これらのツールのパワーと便利さを、難しくて楽しい課題を解決する近道として利用してください。

2-13 標準プログラムを再インストールする

信じられないかもしれませんが、このスタンドアローンの"静かにしなさい"メーターもじきに飽きることでしょう。その場合は、教室用音量メータープログラムをmBlockと通信できるプログラムに置き換える必要があります。

USBケーブルを使用してmCoreをPCに接続し、シリアルポート経由でmBlockに接続します。次に、設定のファームウェアアップデートからmBotデバイスの2つの紛らわしいオプションを選択します。「オンラインのファームウェア」と「工場出荷時のファームウェア」です。

1章「mBotを教室へ」の2つのバージョンの詳細な比較がありますが、赤外線リモコンの使用を計画している場合を除き、オンラインファームウェアへの更新はより良い選択です。選択をして、アップロードが完了したら3つの音(工場出荷時のファームウェア)または短い単音ビープ(オンラインのファームウェア)を待ちます。

2-14 このあと、私たちはどこへ向かうのか

このような幅広いツールを使用する際に、「どうやってmBotを制御するのですか?」という質問が間違っていることは明らかです。どのようなタスクであれ、おそらく、Makeblock Appまたは mBlockを使用する方法、またはArduino環境を使用する方法があります。mBotのようなオープンプラットフォームの場合は、最も注目されているツール、または最も柔軟なツールを選択するか、すでにある快適なツールを使用するだけです。残りのプロジェクトの章では、おもに指示の明確化のために、それぞれ特定のソフトウェアツールを使用します。特定のプログラミング環境のユニークな機能を使用する際には、それを呼び出すことにします。これらの例外を除いて、Makeblock App、mBlock、またはArduino IDEを使用して、次の章からすべてのアニマトロニクスとデータロガーを構築することができます。

センサーとサンプルコード

オンボードセンサーは、mBotの頭脳であるmCoreに組み込まれたセンサーです。超音波センサーとライントレースの2つのセンサーがmBotキットに付属しています。アドオンセンサーはバンドルパックで購入できます。ほぼすべてのアドオンセンサーをRJ25(電話ジャック)ケーブルを使ってmCoreに接続することができます。Makeblockで作られていないセ

ンサーの場合、ここにリストされているRJ25アダプタが解決してくれます。RJ25アダプタを使用すると、独自のサーボとセンサーを接続することができます。

表2-2 | センサーとサンプルコード

センサー	使用するブロック	説明
オンボードボタン 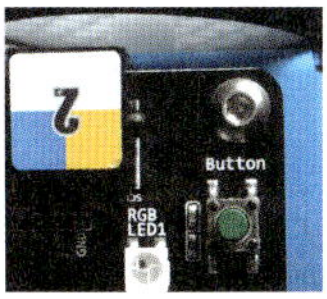		ポート2の後ろにあるmCoreのプッシュボタン
オンボードLED(2個) 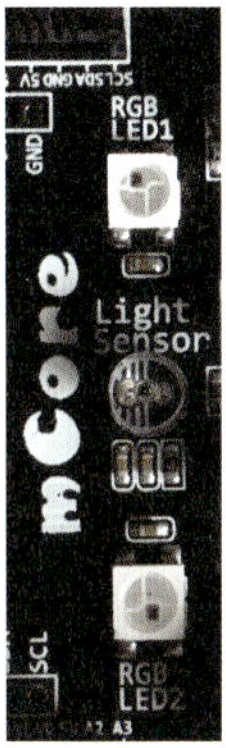	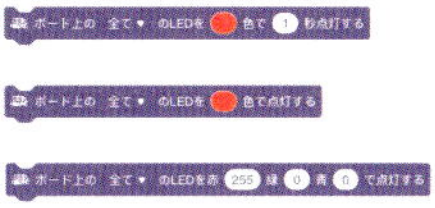	ポート2とポート3の間にある2つのプログラマブルなRGB LED
オンボード光センサー 		RGB LEDの間に直接取り付けられた広角のアナログ光センサー

センサー	使用するブロック	説明
オンボードブザー	C4▼ の音階を 0.25 秒鳴らす 700 Hz の周波数で音を 1 秒鳴らす	標準的なピエゾブザー。音を鳴らすブロックは、C2（== 65Hz）からD8（4700Hz）の高さの音を0.5～2の長さで鳴らすことができる
オンボード IRセンサー	受け取った赤外線メッセージ 赤外線リモコン A▼ ボタンが押された	IR送受信機はスピーカとボタンの間に隣り合って取り付けられている
超音波センサー （mBotキット同梱）	超音波センサー ポート3▼ の距離	3cmから400cmまでの距離を測定し、衝突回避や距離測定に使用できる
ライントレースセンサー （mBotキット同梱）	ライントレースセンサー ポート2▼ の値	1つのボードに2つのLEDと光センサーが搭載されている。このセンサーは、mBotの骨組みの高さに合わせて調整されている。他の状況で使用する場合はテストをおこなうこと
アドオンMe LED （4個）	RGB ポート1▼ の 全て▼ のLEDを 色で 1 秒点灯する RGB ポート1▼ の 全て▼ のLEDを 色で点灯する RGB ポート1▼ の 全て▼ のLEDを赤 255 緑 0 青 0 で点灯する	色と明るさを調整できる4つのRGB LED

センサー	使用するブロック	説明
アドオン7セグメント表示	7セグメントディスプレイ ポート1▾ に 100 を表示する	速度、時間、温度、距離、スコアなどのデータを表示するのに使用できる
アドオンサウンドセンサー	音声センサー ポート3▾ の値	エレクトリックマイクロホン。近距離での音の大きさを検出する
アドオンポテンショメータ	ポテンショメータ ポート3▾ の値	オブジェクトの速度と明るさを調整するのに使用できる
アドオンPIRモーションセンサー	PIRモーションセンサー ポート2▾	人間または動物の動きを6メートルの範囲で検出
アドオンジョイスティック	ジョイスティック ポート3▾ の x軸▾ の値	物理的オブジェクトまたはビデオゲームの方向を制御するために使用される
アドオン光センサー	光センサー ポート3▾ の値 ✓ ポート3 ポート4 ボード上の光センサー	周囲の光の強さを検出する

センサー	使用するブロック	説明
アドオンLED マトリックス 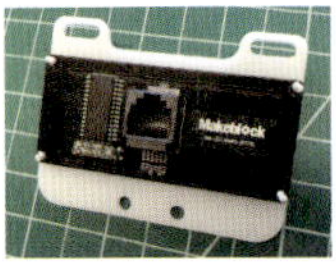	 LEDパネル ポート1▼ に [絵] を 1 秒表示する LEDパネル ポート1▼ に [絵] を表示する LEDパネル ポート1▼ に [絵] をx: 0 y: 0 で表示する LEDパネル ポート1▼ に hello を表示する LEDパネル ポート1▼ に hello をx: 0 y: 0 で表示する LEDパネル ポート1▼ に 2048 を表示する LEDパネル ポート1▼ に 12 時 0 分を表示する LEDパネル ポート1▼ の表示を消す	文字や数字を表示する8×16に整列したLED
アドオンRJ25 アダプタ 		一般的なサーボとセンサーを使用するために、標準RJ25を6ピンに変換する
アドオンLED ストリップ 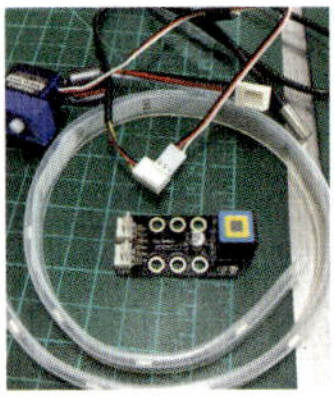	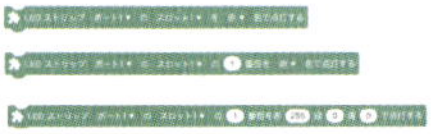 [illegible]	WS2812プログラマブルLED。RJ25アダプタを使用してmCoreに接続する
アドオン温度 センサー 	 温度センサー ポート3▼ の スロット1▼ の値(℃)	−55℃〜125℃の範囲内または外の範囲を測定する。センサーは防水性があり、RJ25アダプタを使用してmCoreに接続する

3

かわいい生き物を作ろう

すべての子供はロボットを作りたがります。段ボールから空のペットボトル、ほうきまで、手元にあるどんな素材でも、子供が何かを作り始めればできあがったものがロボットと呼ばれます。このような熱意と実際の強力な部品が使えれば、完璧なロボットがどんどんできてくると思いませんか？

ものづくりにフォーカスした場を用意することは、若いまたは未熟なロボットクリエイターを成功へと導きます。多くの子供たちが語る夢のロボットは、ベイマックス、オプティマスプライムおよびガンダムウイングの「いいとこ取り」になります。しかし、こうした大きなビジョンはサーボモーターの現実的な難しさに直面したとき、モチベーションからブレーキに変わります。

このグループのプロジェクトでは、観客を楽しませるための、状況に応じて動いて反応する「単純な」ロボット群に子供たちの関心を向けます。子供たちはこれらを、ウォルト・ディズニー・イマジネーションが開発したインタラクティブ・トップ、プログラムされた人形、またはオーディオ・アニマトロニクス[*1]のミニチュアとして考えることができます。

訳注*1　生き物を模したロボットやその製作技術のこと

Rickは、大学時代にディズニーランドでミッション・トゥ・マーズ[*2]に乗ってディズニーのオーディオ・アニマトロニクスの素晴らしさを体験しました。ヴィンテージと新しいディズニーランドの両方のアトラクション、ディズニーのテクノロジーが搭載されています。

複数の異なる作業を取り入れるため、まず、いくつかのランダムに動く人形を作ってから、実際にユーザーの入力に反応するより高度なものづくりへと進めていきます。各セクションでは、特定の動きやセンシングに必要なハードウェアについて説明しています。これらのプロジェクトでは、1章「mBotを教室へ」の手順で作ったRJ25ケーブルをいくつか用意します。mBotに付属の短い15cmのケーブルは 、あなたの創造性にブレーキをかけてしまうでしょう（本当に）。30cm〜1mのケーブルがあれば、あなたが実現したいことはほぼ実現できます。この章のすべてのプロジェクトでは、箱で作った生き物の体は出発点に過ぎず、子供たちの想像力が高まるにつれて気まぐれな生き物に変身するでしょう。

必要なもの

［道具］

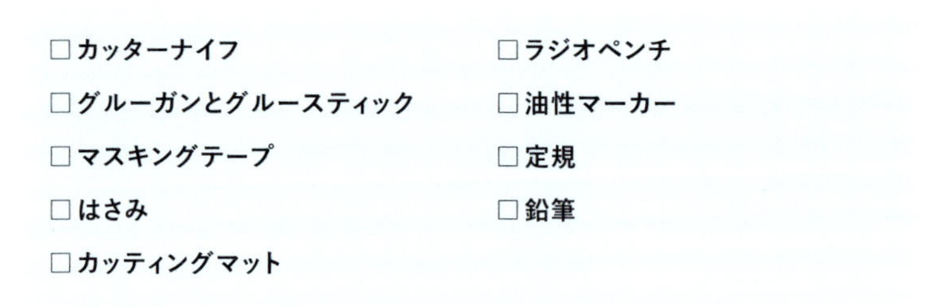

- □カッターナイフ
- □グルーガンとグルースティック
- □マスキングテープ
- □はさみ
- □カッティングマット
- □ラジオペンチ
- □油性マーカー
- □定規
- □鉛筆

訳注*2　かつてアメリカのディズニーランドに存在していたアトラクション

[材料]

- □ **いろいろな大きさの箱**
- □ **フェルトシート**
- □ **輪ゴム**（大・小）
- □ **クラフトスティック**（大きいもの、標準サイズのもの）
- □ **鳥の羽根**
- □ **紙またはプラスチックカップ**
- □ **パイプクリーナー**
- □ **人形用の目**
- □ **ビーズ**
- □ **色画用紙**
- □ **ラインストーン**
- □ **大きなクリップ**
- □ **ペンキ**

[電子部品]

- □ **mCore**
- □ **センサーとモーター**（以下のリストを参照）
- □ **RJ25ケーブル**（キットに入っているものより長いケーブルが必要な場合は、1章を参考にケーブルを自作してください）
- □ **RJ25アダプタ**（汎用サーボモーター用）

[追加のセンサーと動作するもの]

入力となるもの

- **超音波センサー**
- **モーションセンサー**
- **光センサー**
- **ライントレースセンサー**
- **音センサー**
- **タッチセンサー**

出力となるもの

- **サーボモーターとリンケージアーム**（別名サーボアーム）
- **LED**
- **モーター**

3-1 センサーを使わずに動くパペット[*3]

この章の最初のいくつかのプロジェクトでは、ユーザーの操作には反応しませんが光ったり、回転する生き物をいくつか作ります。そのあと、センサーを使ってユーザーの操作に反応するようにします。

プロジェクト:

RGB LEDを使ったランダムに光る目

この最初のプロジェクトでは、目とRGB LEDが入った段ボール箱の頭を作ります。

1. 約12cm四方の箱を用意します。私は、空のティシュボックスを使用しました。箱を開いて中をさわれるようにします。

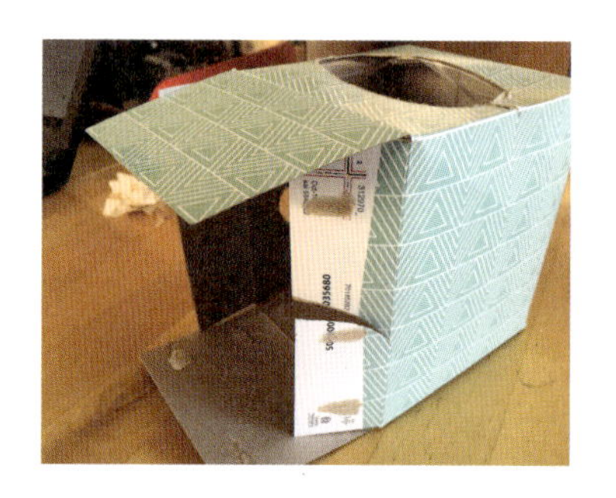

2. カッターナイフで目となる穴を開け、内側からティッシュペーパーで覆って光を拡散させます。

訳注*3　動かして楽しむために作られた人形

3. RGB LEDの下側にマスキングテープを貼ります(センサーにホットグルーを使用するときは、電子部品の損傷を防ぐためにあらかじめテープで保護してください)。

4. RGB LEDのテープにホットグルーを付け、箱の中に貼り付けます。

5. RJ25ケーブルを箱の底から通し、ケーブルをmCoreのポート1に接続します。

6. mCoreをPCに接続し、mBlockを開きます。次の図と同じプログラムを作成して実行してください。

```
スペース▼ キーが押されたとき
ずっと
  RGB LED ポート1▼ の 全て▼ を赤 0 緑 0 青 255 で点灯する
  1 から 10 までの乱数 秒待つ
  RGB LED ポート1▼ の 全て▼ を赤 0 緑 0 青 0 で点灯する
  2 秒待つ
```

これは、スペースキーを押すと青色LEDの目をランダムに点滅させ続けるプログラムです。これはほんの始まりにすぎません、今度はこのプログラムを変更して色と点滅パターンを変えるなど、自分のアイデアで作り変えてみてください。

プロジェクト：

9gサーボとRJ25アダプタを使ってランダムに頭を動かす

このプロジェクトにティッシュボックスのような軽い「頭」を使っていれば、9gサーボを使っていくつかの変更を加えることができます。より重いものを動かす場合は、高いトルクを持つハイテックHS-311のような、大きなサーボが必要になるかもしれません。500円～800円あれば、大きな重量や力でも壊れにくい金属製ギアのマイクロサーボを購入することもできます。

› サーボの取り付けと配線

1. まず、サーボマウントを作ります。レーザーカッターを使える場合は、*https://www.airrocketworks.com/wp/fullscreen-video/instructions/make-mbots/* からテンプレートファイルをダウンロードし、アクリル板からマウントを切り出してください。レーザーカッターが使えない場合は、同じ場所からダウンロードできる実物大のPDFを使って、好きな材料でサーボマウントを作ることもできます。サーボをマウントに通し、グルーガンで取り付けます。

2. 次に、箱の中心にサーボに合う約2cm×3cmの穴を開けて、サーボを箱の穴に通します。

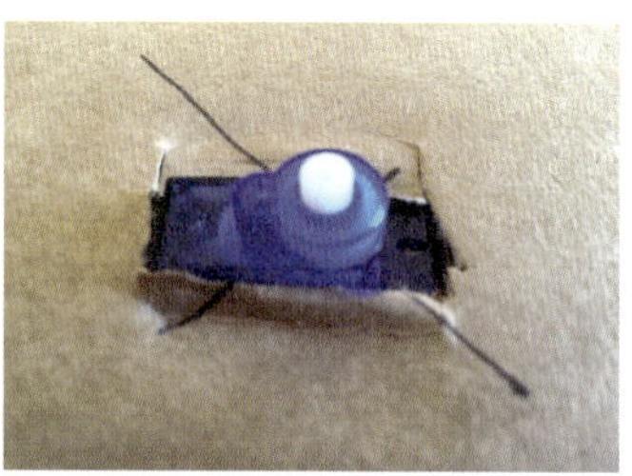

3. サーボがはめ込まれていることを確認したら、テープをサーボマウントに貼り、箱の上部の内側にグルーガンで接着します。

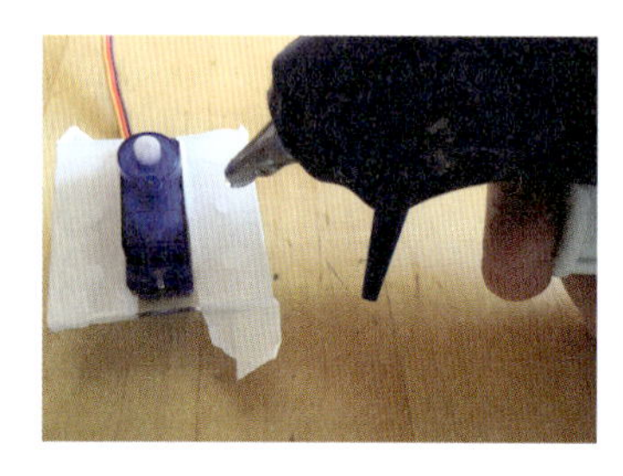
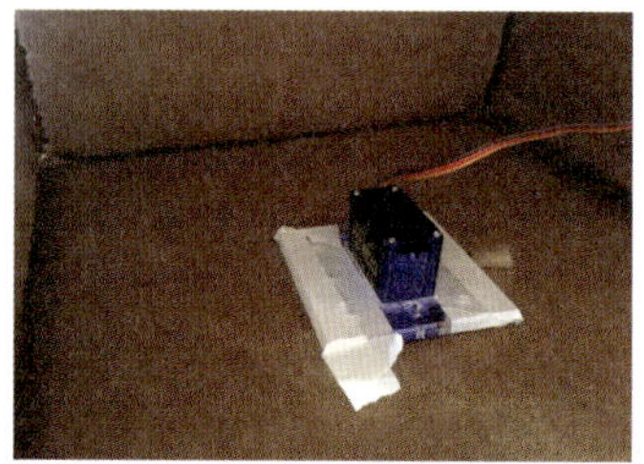

4. サーボワイヤーを箱の裏側に通して、箱を閉じてテープでとめます。次に、サーボモーターをMakeblock RJ25アダプタに接続します。RJ25アダプタを使用すると、2つのサーボモーターをmCoreの1つのポートに接続できます。このプロジェクトでは、次のようにスロット1にサーボを取り付けてみましょう。

- オレンジまたは黄色:S1（信号）
- 赤色:VCC（電源）
- 茶色または黒色:GND（グラウンド）

› サーボアームを作る

1. 大きなクラフトスティックの中心に印を付けて、約6mmの穴を開けます。

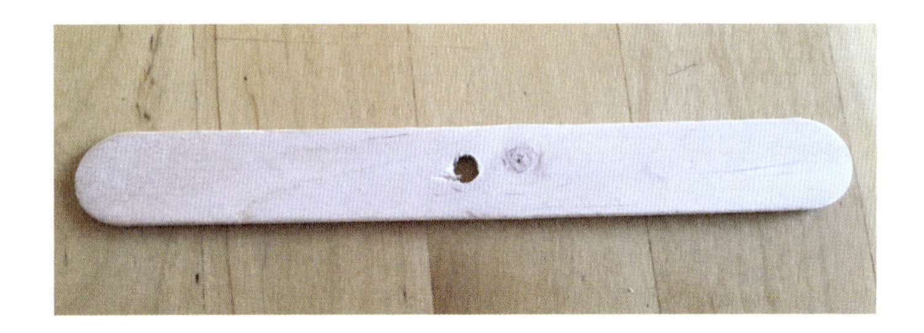

2. 段ボールを、あなたのパペットの頭の底面と同じ大きさになるようトレースしてから、切り取ってください。私はLEDの目のプロジェクトのときと同じ箱を、パペットの頭として使います。

3. 切り取った段ボールにクラフトスティックをグルーガンで接着したら、もう一度ドリルでスティックの穴を段ボールに通します。頭に使う箱の大きさに応じて、クラフトスティックを切り取る必要があるかもしれません。

4. 次に、サーボモーターに付いている一番大きなアームを持って、それをグルーガンでスティックに取り付け、サーボ側を上にして取り付けます。しっかり貼り付けなければならないので、たくさんのグルーを使いますが、穴の中に入ってしまうほどは必要ありません。

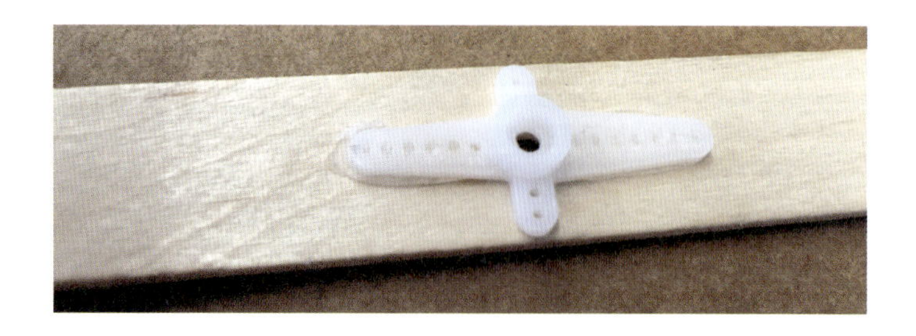

次は、サーボモーターとmCoreを接続できるように調整します。

› mCoreにつなぐ

1. サーボモーターはRJ25アダプタに接続されている必要があります。RJ25ケーブルを使って、mCoreのポート2にRJ25アダプタを接続します（LEDの目にポート1を使用したいので、ポート2に接続するようプログラムします）。

2. mCoreをPCに接続し、次の図に示すコードをmBlockで作ります。これでスペースキーを押したとき、0～180度の範囲でランダムにサーボが回転します。設定した時間だけサーボを動かしたい場合は、ここで示すように、「ずっと」と「繰り返す」ブロックを入れ替えます。

```
スペース▼ キーが押されたとき
ずっと
  サーボ ポート2▼ の スロット1▼ の角度を 95 から 180 までの乱数 にする
  0.5 から 1 までの乱数 秒待つ
  サーボ ポート2▼ の スロット1▼ の角度を 0 から 85 までの乱数 にする
  0.5 から 2 までの乱数 秒待つ

3 から 12 までの乱数 回繰り返す
```

› 体に頭を取り付ける

1. mCoreを接続しプログラムができたら、クラフトスティックと段ボールアームをサーボの上部に取り付け、サーボに付属のねじで固定します。

2. 次に、頭をサーボの土台にテープで取り付けます。

› 動く頭にLEDの目を付ける

1. 前のプロジェクトのLEDの目のケーブルが頭の動きを妨げないように、頭の中からケーブルを引き出してmCoreに配線する必要があります。
2. さあ、長いRJ25ケーブルのひとつを使って、LEDの目をmCoreのポート1に接続し、2つのプログラムを結合します。これで、ランダムに頭が動きLEDの目が点滅するようになりました！

ロボットペット動物園へ行こう

The Robot Petting Zoo（ロボットペット動物園）は、カリフォルニア大学バークレー校のLawrence Hall of ScienceのTechHive Studioから生まれました（*https://www.techhivestudio.org/rpz/*）。最初のロボットペット動物園は、高校生にとって素晴らしい12時間のメイカソンでした[*4]。最初の10時間で、ロボットペット作りを通してプログラミング、エレクトロニクス、プロトタイピング、デザインについて学び、最後の2時間で作品を発表しました。ロボットペット動物園は、次の方たちからインスピレーションを受けました。Matt ChilbertとAndrew MilneはTechHiveでのイベントに貢献しました。Tom LauwersはBirdBrain Technologiesの社長兼最高ロボット技術責任者です。これらの紳士たちのひらめきのおかげなのです！

訳注*4　メイカソンとは、作品を決まった時間内に作り上げるものづくりのイベント

プロジェクト：

9gサーボとRJ25アダプタを使って口を動かす

このプロジェクトのパペットは、箱、1つのサーボ、シングルサーボアーム、短いクラフトスティック、そして口のフラップを操作するための大きなクリップを使って作られます。段ボール箱のフラップのひとつを口として使用します。この例では、Uline[*5]の15cm四方の箱を使っています。

1. 箱を平らなところに置き、一方の4つのフラップのうち向きあう2つのフラップを切り取ってください。
2. 切り取っていないほうは、4つのフラップをマスキングテープでめます。

3. 反対側にもテープを貼って目を描きます。下側のフラップが口になります。

訳注*5　アメリカの業務用品販売サイト（*https://www.uline.com/*）

4. 9gのサーボと一番長いシングルサーボアームを取り出します。サーボアームにクラフトスティックをグルーガンで貼り付けてアームを伸ばしましょう。小さなクラフトスティックを約5cmに切り、スティックの端から約3cmのところに約6mmの小さな穴を開け、グルーガンでスティックにサーボアームを接着します。

5. サーボアームをサーボの上に取り付け、サーボの向きを次の図のようにして左に回します。スティックの延長部分の位置を下の図のように変え、サーボに付属の短いセルフタッピングねじを使ってサーボアームを固定します。

6. サーボをRJ25アダプタに接続します。詳細については、この章の「9gサーボとRJ25アダプタを使ってランダムに頭を動かす」のプロジェクト(127ページ)をご覧ください。次に、サーボをスロット1に接続し、mCoreポート1に接続します。

7. 以下の図に示すコードを作成し、実行します。

```
スペース▼ キーが押されたとき
mouse▼ を 180 にする
MoveMouse▼ を送る
スペース▼ キーが押された ではない まで待つ
mouse▼ を 45 にする
MoveMouse▼ を送る
```

▲ スプライトのコード

```
MoveMouse▼ を受け取ったとき
サーボ ポート1▼ の スロット1▼ の角度を mouse にする
```

▲ mBotのコード

サーボは2つの位置の間で動作しているはずです。

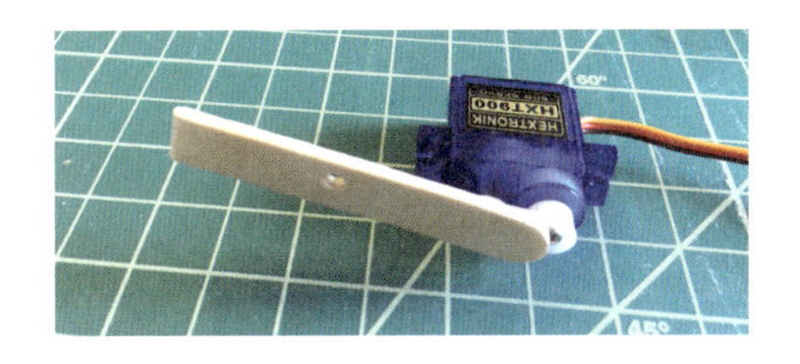

8. ラジオペンチを使って、大きなクリップを次の図に示すように曲げ、両側に約6cmの脚を作ります。

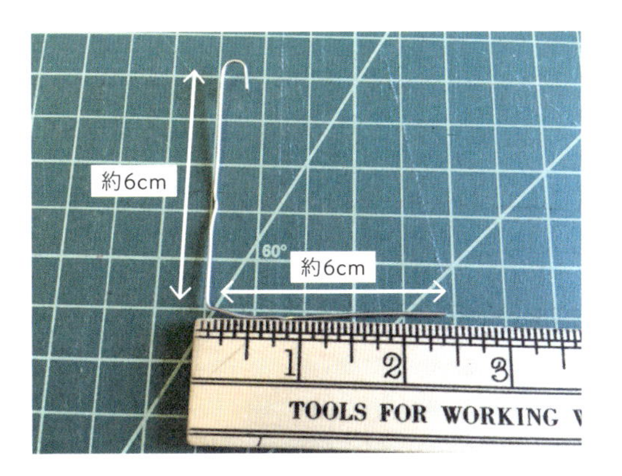

9. 箱の内側の正面から2.5cmのところにサーボを取り付けます。次の写真のように、サーボが箱に対して平行になるようにグルーガンで段ボールに貼り付けます。

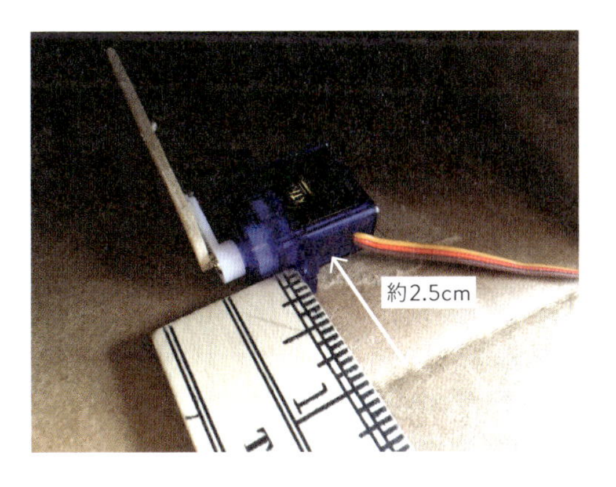

10. クリップをクラフトスティックの穴にひっかけて、サーボを箱の正面方向に回転させます。その後クリップをフラップにテープで貼り付けます。

11. これで、スペースキーを押すと口が開いたり閉じたりするようになっているはずです。

12. 口が正しく動いていることを確認したら、クリップのテープをはずしてグルーガンで固定してください。

プロジェクト:

9gサーボとRJ25アダプタを使って目を回転させる

このプロジェクトでは、この前の「口を動かすプロジェクト」と同じ箱と、段ボール、トイレットペーパーの芯、サーボアームとマスキングテープを使います。

1. 前のプロジェクトで作った箱のフラップから、目が描かれたテープを剥がします。
2. 箱を裏返しにして、カッターナイフでフラップのほとんど切り取って、次の図に示すように、フラップの3つの側面に1.25cmの枠を作ります。ここが回る目を作る場所になります。切り取った部分は残しておいてください、このあとで使います。

3. トイレットペーパーの芯を、切り取った段ボールにあて、芯の周りをトレースして円を描き、その円に沿って切り取ってください。

4. 円形に切り取った段ボールにサーボアームをできるだけ中心に近いところになるようにグルーガンで取り付けます。

5. トイレットペーパーの芯の端に、円形の段ボールをグルーガンで貼り付けましょう。

6. 箱の上部内側の左上から約5.6cm、正面から約3cmの位置を測って印を付けます。サーボの底にたっぷりのグルーを塗って箱の側面に貼り付け、サーボの右下が印に合うようにしてください。

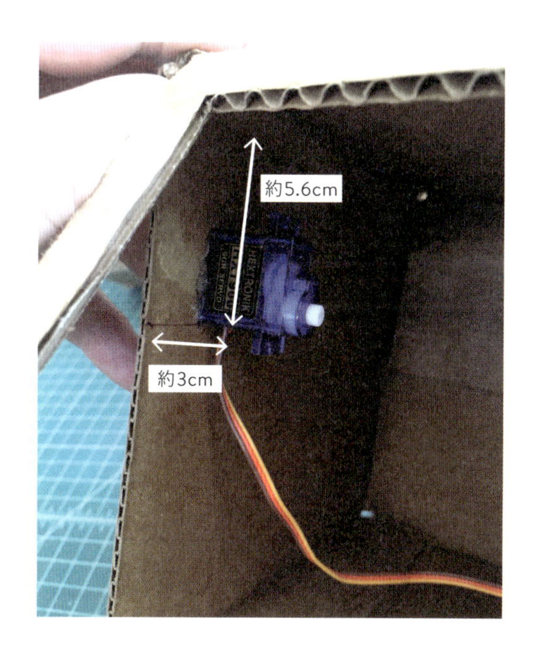

7. 今度は以下に示すように、動く口と反対側のフラップの両側をテープで固定します。

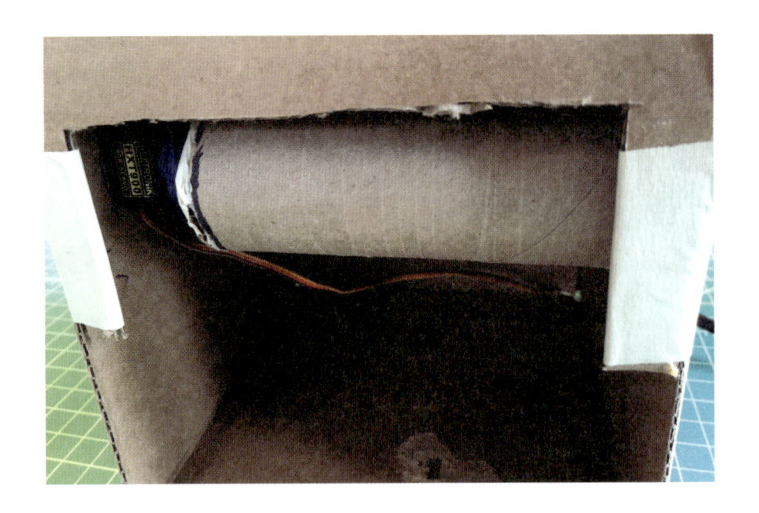

8. 先ほど切り取った段ボールの切れ端の両端から3.8cmの場所を測り、それぞれをつなぐように線を引きます。25セント硬貨[*6]を2つ線の上に置いて周りに線を引き、切り取ります。これは回る目の位置になります。

訳注*6　25セント硬貨がなければ10円玉でもかまいません。

9. 次の図に示すように、テープを中表に巻いたものを段ボールの端に貼り付け、回転する芯にかぶせるように箱に取り付けます。

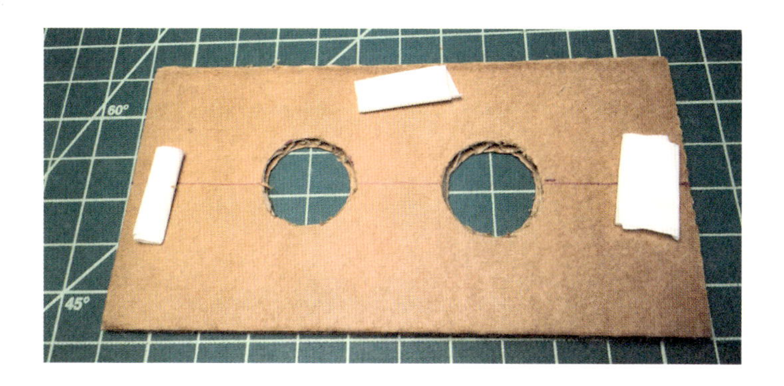

10. 以下の図に示すコードを作成し、実行します。目は3つの位置の間で回転します。

▲ mBotのコード

▲ スプライトのコード

11. キーボードの1、2、3のキーを押し芯の3つの目に対応する場所に鉛筆で1、2、3の数字を書きます。

12. 目の穴が開いた段ボールをはずし、油性マーカーで3種類の目の形を描きます。あなたが油性マーカーで目を描いている間、もう一度誰かにキーボードの1、2、3のキーを押してもらう必要があるかもしれません。
また、私たちは口のように見えるように、段ボールの端にノコギリの歯のような形を付けました。あなた自身のカスタマイズを楽しんでください!

13. 以下の図に示すコードのように回転する目と口の動きを組み合わせることができます。

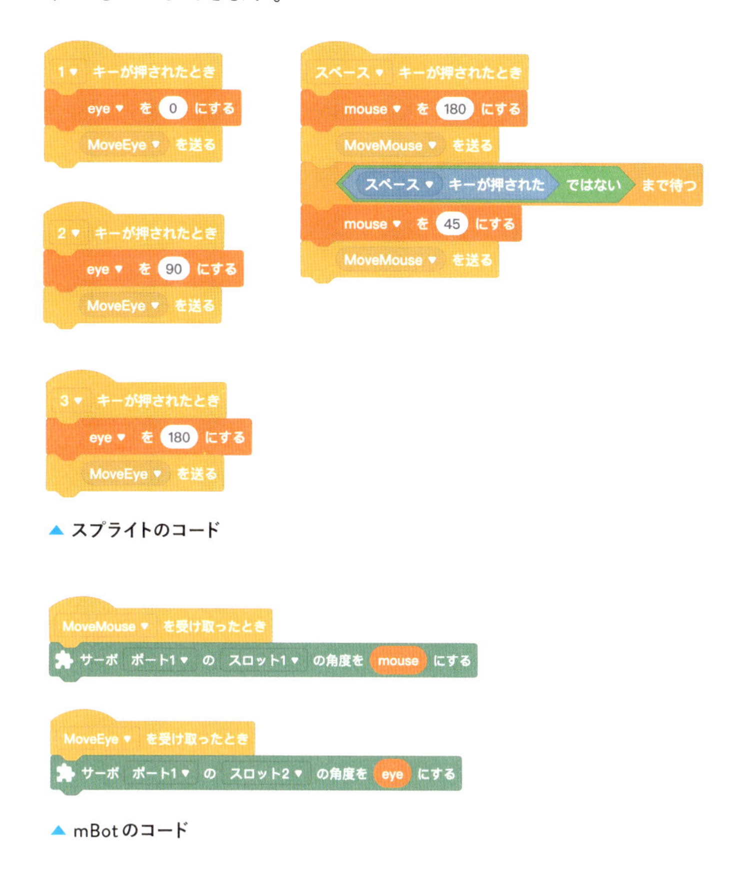

▲ スプライトのコード

▲ mBotのコード

1、2、3のキーを押すと、目が動き、スペースキーで口を開閉します。

3-2 センサーを使ってパペットを動かす

この章のこれまでのプロジェクトでは、センサーを使わずにランダムに、あるいは決まった動きをプログラムしていました。ここでは、あなたのパペットが周囲の状況を感知し、プログラムにしたがって応答することでインタラクティブ性を加えます。

プロジェクト:

光センサーでパペットにエサをあげる

このプロジェクトでは、光センサーを使ってあなたが生き物にエサをあげていることを感知し、2つのモーターを動かして耳を回転させます。

このプロジェクトでは、2つのギア付きモーター、光センサー、およびRGB LEDが必要です。2つのモーターを段ボール箱の中に取り付け、ホイールを外側に取り付けて、ホイールにかわいい耳を取り付けます。次に、光センサーとLEDを「口」の内側に貼り付けます。パペットにボール紙のエサをあげると、耳が回るようにします。

1. 新しい15cm四方か同じくらいの箱から始めましょう、箱の後ろを閉めてテープでとめ、次に反対側の横のフラップを以下の図のように切り取ります。

2. 下側のフラップに約1.8cm×約5cmの穴を開けてください。

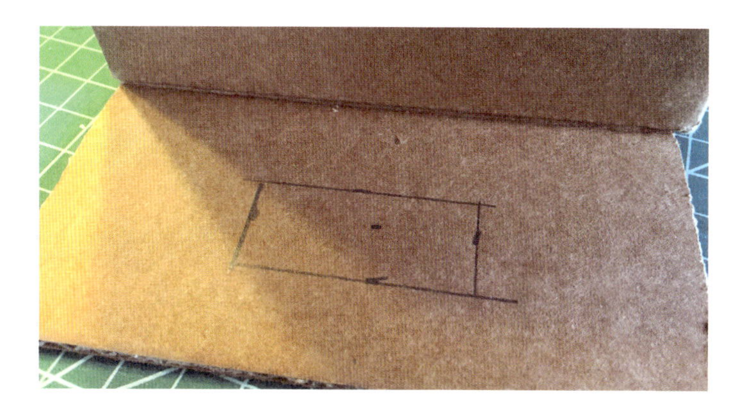

3. 3.8cmのホールソー*7で、図のように各辺の上隅(上から5cm、横から5cm)に穴を開けます。

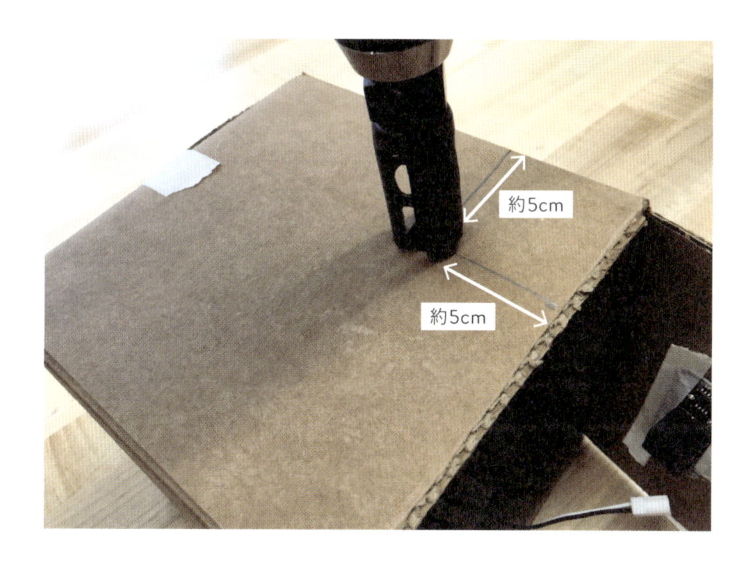

訳注*7 円形に切り抜くことができるノコギリ。なければカッターでもかまいません。

4. 穴がギザギザになった場合は、カッターナイフできれいに整えましょう。

5. 最初に、レーザーカッターで作ったモーターマウントにモーターをマウントしておいたほうが作業を進めやすいでしょう。この本のウェブサイトで入手可能なテンプレートファイルを使ってアクリル製のマウントをレーザーカッターで作ります。追加のマウント用の穴は、モーターをLEGOまたは他のMakeblockアクセサリに接続できるように大きさが決められています。

レーザーカッターを使わない場合は、厚紙、薄い木材、または薄いプラスチックシートなど、あなたの好きな材料を使って手で切り出します。テンプレートのPDFは、この本のウェブサイトから入手できます。*https://www.airrocketworks.com/wp/fullscreen-video/instructions/make-mbots/*

6. あとで簡単に取り外せるように、マスキングテープをアクリル製のモーターマウントの上に貼り、マスキングテープの上にグルーを付けてください。

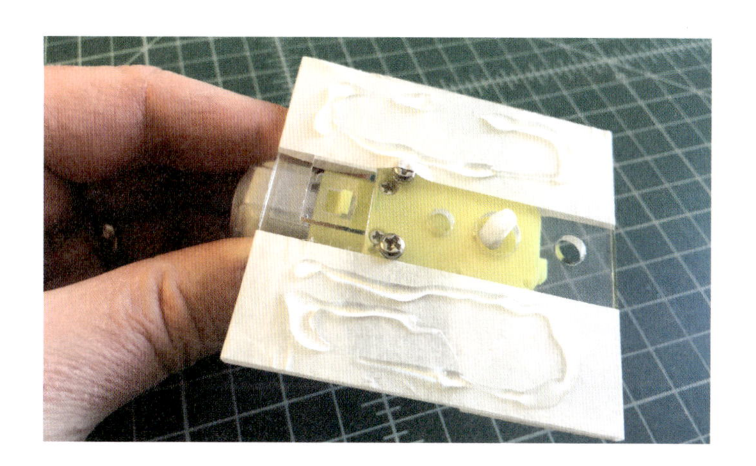

7. モーターハブを内側の穴の中央にして、モーターマウントを箱の中に貼り付けます。その後、白いプラスチックホイールハブを追加します。
2番目のモーターでもステップ5〜7を繰り返します。

8. RGB LEDと光センサーの間の光がパペットの「エサ」である小さな厚紙で遮られると、あなたの作る動く耳が回ります。RGB LEDと光センサーの位置を決めたら、それらをテープで固定します。次に、RGB LEDをmCoreのポート1に接続し、光センサーをmCoreのポート3に接続します。モーターはM1とM2に接続します。

9. 以下の図に示すコードを作成し、mCoreに転送します。このコードではLEDを点灯させ、光センサーへの光が遮られたときにモーター（M1とM2）を起動します。

```
が押されたとき
RGB ポート1▼ の 全て▼ のLEDを赤 20 緑 20 青 20 で点灯する
ずっと
  もし 光センサー ポート3▼ の値 < 800 なら
    3 回繰り返す
      左のタイヤを 100 %の速さ、右のタイヤを 100 %の速さで動かす
      1 秒待つ
  でなければ
    左のタイヤを 0 %の速さ、右のタイヤを 0 %の速さで動かす
```

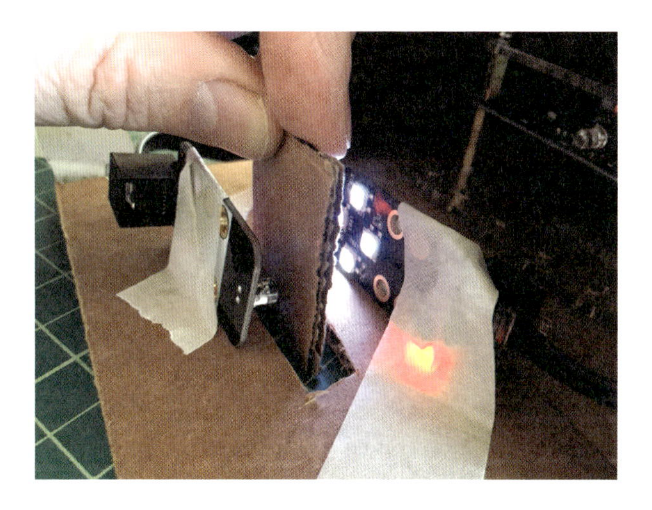

10. 今度は、発泡シートで作ったかわいい耳をホイールハブに付けます。フォームから耳の形を切り取り、プラスチック製のホイールハブにマスキングテープを貼って、グルーガンで耳に貼り付けます。

これで、段ボールの切れ端を口に通してあなたのパペットに「エサ」をあげると、耳が回ります。そのパペットは次の画像のようになります。このパペットには、次のプロジェクトの一部になる超音波センサーも前面に取り付けられています。

プロジェクト：

超音波センサーと回転するプロペラ

このプロジェクトでは、超音波センサーとモーターが1つ必要です。誰かがあなたのパペットに近づくと、頭のプロペラが回り始めます！

1. 最初に箱の片面をテープで閉じ、次に箱の上部中央に0.75cmの穴を開けます。

2. モーターをレーザーカッターで作ったアクリル製モーターマウントに取り付け、モーターマウントをマスキングテープで覆います。レーザーカッターがない場合は、実物大のPDFテンプレートを使ってモーターマウントを作りましょう。木材、厚紙、または柔らかいプラスチックシートなどで作ることができます。
3. 本書のウェブサイト(*https://www.airrocketworks.com/wp/fullscreen-video/instructions/make-mbots/*)にあるテンプレートを使って、3Dプリンターでとギアハブにダボ継ぎをするためのアダプタをプリントします。3Dプリンターで作ったアダプタの端に6mmダボ継ぎコネクタを差し込み、もう一方をモーターのギアハブに差し込みます。
4. モーターマウントのテープにホットグルーを付け、箱の内側上部に接着して、3Dプリントされたアダプタが上から飛び出すようにします。

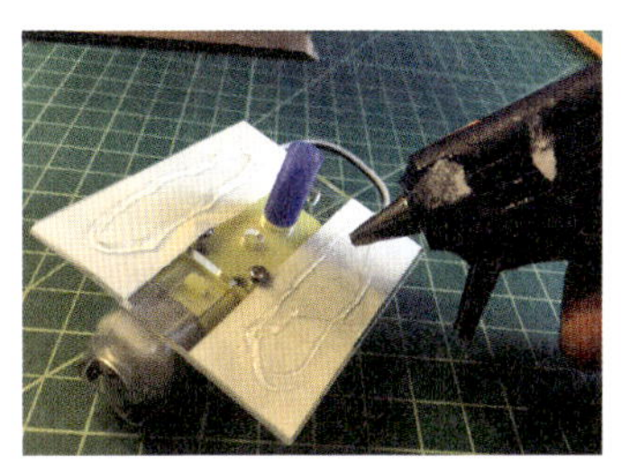
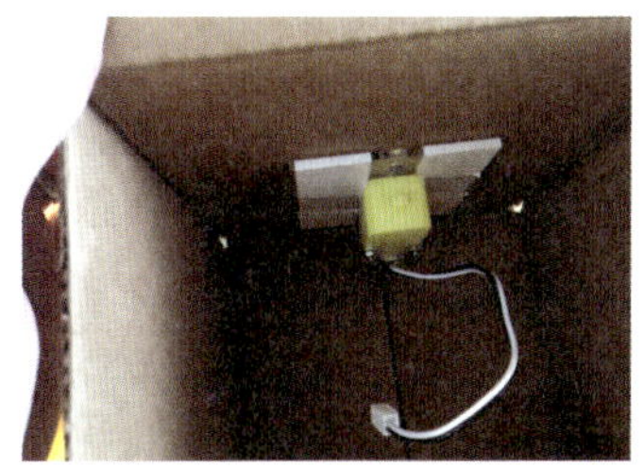

5. 前面上部のフラップに1.9cm×5cmの穴を開けます。
6. 超音波センサーをテープで覆い、グルーを塗って、フラップの内側に取り付けます。テープを貼ることによってホットグルーからセンサーを保護し、あとで簡単に取り外すことができます。

7. 飛び出した「目」のように、超音波センサーを箱の前面に取り付けます。

8. 超音波センサーをポート1に接続し、モーターをM1に接続します。

9. 始めに、以下の図に示すコードを作成して実行します。超音波センサーが動きを感知してモーターを起動します。超音波センサーが反応し始める距離は調整することができます。ここでは20に設定されています。

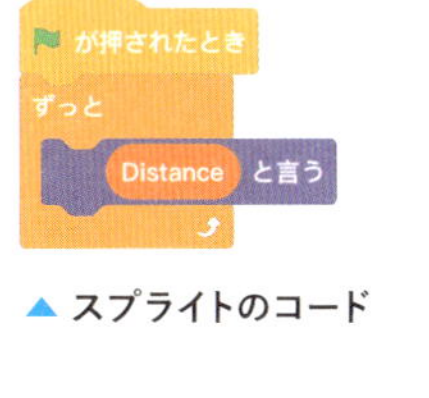

▲ スプライトのコード

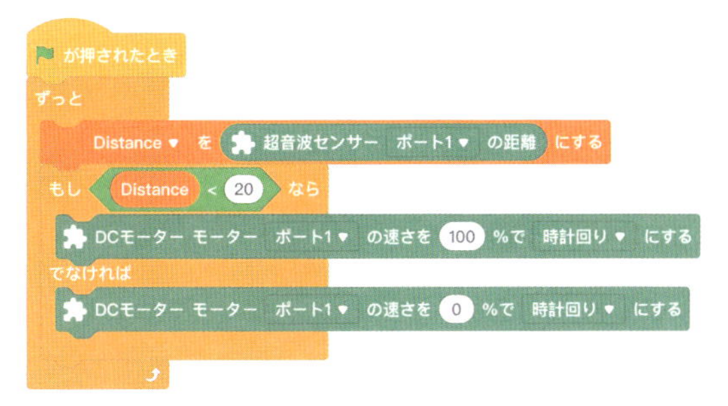

▲ mBotのコード

10. 「と言う」ブロックと超音波センサーの値ブロックを組み合わせると、パンダの吹き出しでデータの変化を知ることができます。この例では15がセットされています。あなたがパペットに近づくと、モーターが動き始めます。

11. 私は15cmの長さの6mmダボ継ぎを3Dプリントで作ったアダプタに付け、カード用紙に印刷されたプロペラを上部に取り付けました。ここは想像力を発揮して、あなたのパペットをカスタマイズしてみましょう！

プロジェクト:

モーションセンサーに合わせて飛び出す動物の足

誰かがあなたのパペットに近づくと、サーボにつながった足が飛び出します。

場合によっては、サーボモーターやDCモーターの円運動が、あなたの作品に必要ではない場合があります。そこがメカニズムの必要となるところです! 単純な円運動を他の動作に変える方法を教えてくれる何百ものウェブサイトが存在します。そこには、非常にたくさんの選択肢がありますが、私たちがここで重点を置くのは、手または足のためにハサミ型のリンク機構*8を使うことです。

1. 「足」を作るために、8本の大きなクラフトスティックといくつかの割りピンを用意します。
2. それぞれのクラフトスティックの端と中央に4mmの穴を開けます。スティックを重ねて一緒に穴を開ければ同じ場所に穴が開けられるので、うまくいくでしょう。次に、以下の図のように割りピンを入れていきます。以下の図のように、ピンを入れていない穴を残します。

訳注*8　マジックハンドの腕の部分のようなもの

3. リンク機構を箱のどちら側に付けるかを決めてください。もしかすると、両側に2つのサーボを付けたくなるかもしれません！ 図のように箱の上部中央付近に1.8cm×1.8cmの穴を開け、アクリル製のサーボマウント（127ページと同じもの）にサーボを貼り付けます。

4. マスキングテープでサーボマウントを覆い、サーボを中心にして箱の内側にグルーガンで取り付けます。

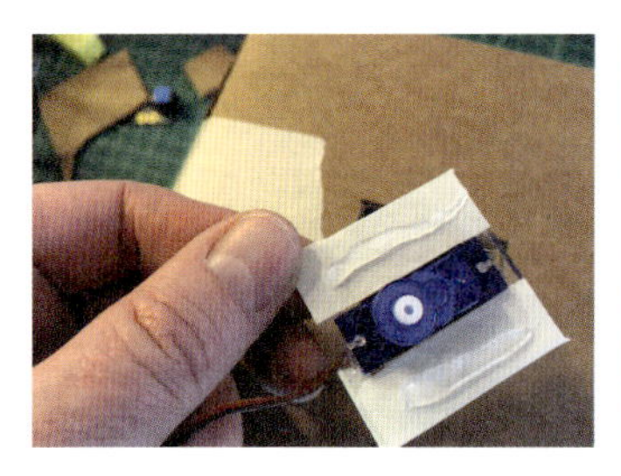

5. ハサミ型のリンク機構を裏返して、サーボアームを割りピンがない3番目の中央の穴にホットグルーで貼り付けます。以下に写真を示します。

6. サーボアームとサーボを仮付けし、以下の画像に示すようにサーボアームと同じクラフトスティックの下端に、クラフトスティックがサーボと同じ高さになるまで段ボールの切れ端をいくつか積み重ねます。段ボールのどこに割りピンを入れるかわかるように、段ボールに穴を開けてください。

7. カッターナイフで重ねた段ボールを切ります。

8. 割りピンを使って箱、アーム、積み重ねた段ボールのすべてをつなぎます。

側面から見るとこのようになります。

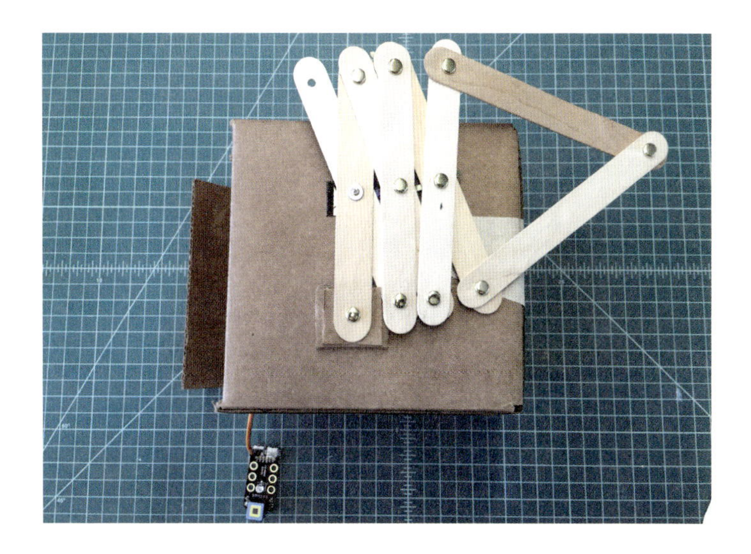

9. 以下の図に示すコードを作成し、モーションセンサーでサーボを動かすようにします。モーションセンサーを箱前面の穴に差し込み、サーボをRJ25アダプタに接続します。次に、モーションセンサーをmCoreのポート4に、RJ25アダプタをポート1に接続します。

```
が押されたとき
ずっと
  もし PIRモーションセンサー ポート4▼ なら
    サーボ ポート1▼ の スロット1▼ の角度を 180 にする
    1 秒待つ
    サーボ ポート1▼ の スロット1▼ の角度を 0 にする
```

10. mCoreにプログラムを転送してサーボを一度初期状態にしてから、ねじとワッシャーを使ってサーボアームを固定します。

11. ハサミ型リンク機構の端に爪や手、もしくは動物の足を付けたら準備完了です！ Tinkering Studioのサイトでは素晴らしい人々が作った、別のリンク機構とメカニズムの資料を見ることができます。
http://tinkering.exploratorium.edu/cardboard-automata

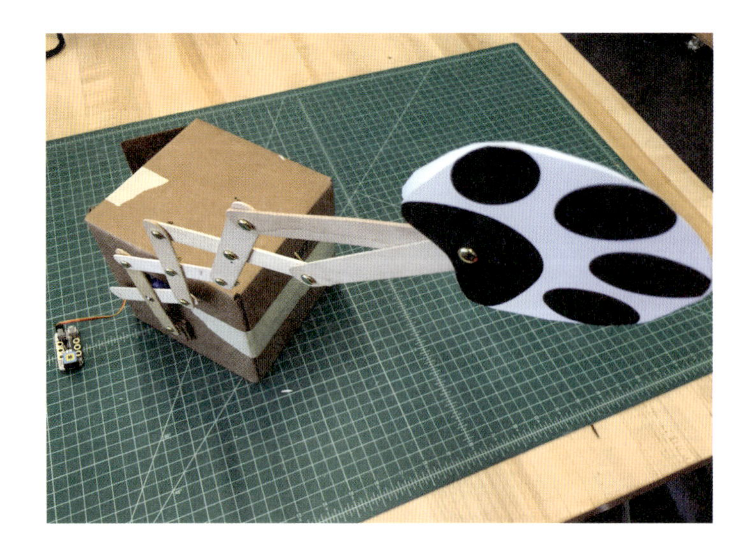

プロジェクト：

タッチセンサーがスクロールメッセージを起動する

このプロジェクトでは、あなたのパペットが「ペットになった」ときにメッセージを表示します！ タッチセンサー*9と8×16 LEDマトリックスディスプレイを使って作っていきます。

1. 次の図に示すコンポーネントを用意してください。

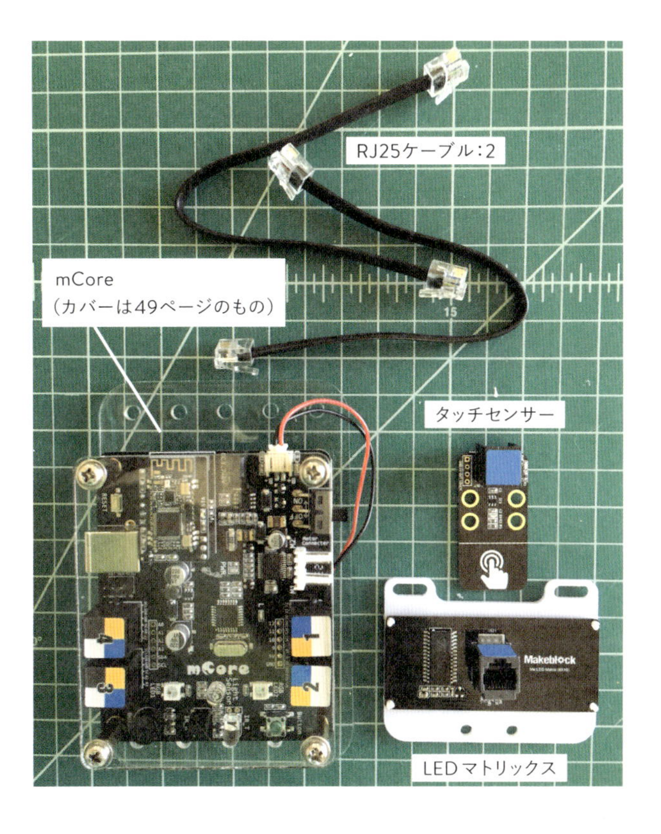

訳注*9　2章末のアドオン一覧には掲載されていません（*https://www.j-robo.jp/products/detail.php?product_id=1744*）。

2. 箱を平らにし、向かい合う2つのフラップを切り取ってください。

3. 上側のフラップにカッターナイフで3cm×2.5cmの穴を開け、長方形を切り取ってください。LEDマトリックスをここに収めます。

4. 下側のフラップの真ん中にカッターナイフで幅2.5cmの穴を作ります。タッチセンサーがここに入ります。

5. LEDマトリックスの背面にマスキングテープを貼り、グルーを付けます。

6. LEDマトリックスをmCoreのポート2に、タッチセンサーをポート1に差し込みます。

正面から見ると、以下のようになります。

7. 以下の図に示すコードを作成します。

```
が押されたとき
x▼ を 0 にする
ずっと
  もし タッチセンサー ポート1▼ なら
    LEDパネル ポート2▼ に Prrrr.... Thank! More Please! をx: x y: 0 で表示する
    x▼ を -1 ずつ変える
```

この時点で、プログラムをmCoreにロードするにはもうすこし説明が必要です[1章の「mBotのアップデート」を参照]。mCoreの電源をオンにしたときに3つの音が鳴ったら、デフォルトのプログラムがロードされています。デフォルトのプログラムには、赤外線リモコン、ライントレース、および超音波センサープログラムのすべてのコードが含まれています。これらは多くのメモリを占有するため、タッチセンサーを実行するために必要なコードは含まれていません。USBケーブルでmCoreをPCに接続し、mBlockを開き、「デバイスを接続する」の下の[接続]ボタンを押し、表示されたウインドウでmCoreが接続されているシリアルポートを選んで接続します。

接続したら[設定]ボタンを押し「ファームウェアアップデート」を選択します。表示されたウインドウの「ファームウェアのバージョン」メニューから「オンラインのファームウェア」を選択して[アップデート]ボタンを押すと、タッチセンサーを含むすべてのセンサーに必要なソフトウェアがロー

ドされます。今度は、mCoreを起動すると短いビープ音が1回だけ聞こえます。

ファームウェアをアップデートしてmCoreを再起動したら、2.4G無線またはBluetooth経由でmCoreと接続します。さぁ、あなたのパペットを撫でてタッチセンサーにさわってみましょう、LEDマトリックスにメッセージが表示されます！ タッチセンサーに触れるたびに、メッセージが表示されて消えます。すべてのメッセージ内容を確認するには、パッドに触れ続けておく必要があります。

この章のプロジェクトは始まりにすぎません。モーター、サーボ、およびデジタル入出力を起動するセンサーを使ってプログラミングの楽しさがわかれば、あとはあなたの想像力だけです。私はこの章のほとんどのプロジェクトで15cm四方の箱を使用しましたが、あなたが持っているものを使うことも、特定のプロジェクトに適したものを使うこともできます。子供たちに、色とりどりのスチレンボード、厚紙の管、さまざまなサイズの箱、羽毛、パイプクリーナー、クラフトスティック、その他の工芸用品のような創造的なものをたくさん与えると、彼らの心と創造性は信じられないほどのものを思い付くことを発見しました。mCoreとセンサーは、創造的な取り組みにインタラクティブな力を与えるための土台となるのです。

センサーで身の回りを調べよう

PCはとても高速に動作します。mBotやArduinoのような小型の組み込みコンピューティングシステムを使えば、誰でも私たちの身の回りの環境に関するデータを記録するツールを作成できます。これらの計測ロボットは、一度稼働すれば何日間も飽きずに動作し、機器から提供される世界についてのデータは、若者の観測可能な宇宙についての考えを広げる手段となります。mBotは人の手首の周りに装着するには大きすぎますが、mBot用の環境センサーを設計するプロセスは、スマートウォッチのような着用可能なハイテク商品の技術開発との共通点が多くあります。

プローブとセンサーは何十年もの間、科学教室の標準的な備品でした。Vernier[*1]は、pH（水素イオン指数）から濁度までを検出するために設計された数十種類のセンサーを製造しています。気体や液体の組成など、より特殊な測定を行うには、特別なセンサーが利用でき、素晴らしいツールです。

Arduinoプラットフォームには多くの特殊なセンサーがあり、そのほとんどはmBotで使用できます。この章のテクニックは、ほとんどのア

訳注*1　Vernier Software & Technology

ナログとデジタルのArduinoセンサーに応用できますが、それには多大な時間が必要です。

ここでは、RJ25アダプタボードを使用して、Grove土壌水分センサー[*2]をmBotに取り付けました［図4-1を参照］。多くのアナログセンサーは、同じ規格の3本の配線で動作します。1本は5V用、1本はグランド用、もう1本はセンサーデータ用です。Grove土壌水分センサーはGroveの規格[*3]の4線ケーブルを使用しています。このタイプのサードパーティーセンサーを使用する場合は、センサーのピンの順番とRJ25アダプタボードのピンの順番を一致させる必要があります。

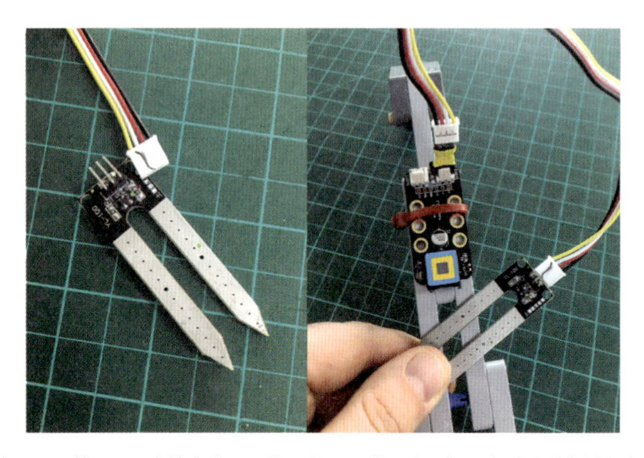

図4-1 | Grove社のこの土壌水分センサーは、センサーは3本のピンしか必要としませんが、標準化された4線ケーブルを使用しています。

mBotのような扱いやすい汎用的なツールを使用して、単純なセンサーを用い自分にとって意味のあるものを測定する方法を見つけることは良い学習経験となるでしょう。1970年代から販売されている防犯ブザーやおもちゃの長い歴史を思い出してみましょう。いずれのケースでも、中心となる技術は非常にシンプルなもの（光センサー、小さなボタン、または磁気リードスイッチ）であり、スパイ「映画」のような子供

訳注*2　GROVE ―水分センサー―　スイッチサイエンス（*https://www.switch-science.com/catalog/814/*）

訳注*3　Groveは、Seeed Studioが開発した電子部品のモジュール用システム

向けのストーリーの中で魅力的に映りました。この章の目的は、エンジニアと子供のような正反対の方向から思考する方法をモデル化し、利用可能なツールからあなたの望む計測装置を作るようにすることです。

この章では、Makeblock AppとmBlockプログラミング環境の両方で、mCoreと基本センサーを使用して数日間独立して動作できるデータ記録装置を製作します。これらのプロジェクトは、何種類かの一般的なセンサーを中心に製作されていますが、多くの状況で、データの記録、分析、およびエクスポートに使用される方法は共通性があり、再利用可能です。この章で製作している2つの例は、学校の建物でどのようにエネルギーと資源が使われているかを学んでいた小学生によって設計されています。mCoreの柔軟性は、これらの子供たちと同様に、あなた自身が見つけた問題点を調査するためにデータを収集する装置を設計して製作することを可能にします。

私たちの建物の廊下には2組のドアがあります。何人かの生徒は、しばしば両方が開いたままになっていることに気付きました。これらの生徒は、どのくらい頻繁にこの状態が起こるのか、どれだけの時間ドアが開けられたか、廊下や教室にどのような影響があったかに関するデータを収集したいと考えました。

これは、身の回りの問題を探している小学生のためのとても良いシナリオです。ただひとつの疑問や測定に焦点を当てるのではなく、子供たちは、複数の調査手段に対応する複雑な課題を発見しました。

協力しあい、彼らはこの開けっ放しになった廊下に関連する計測すべき問題をまとめました[図4-2を参照]。

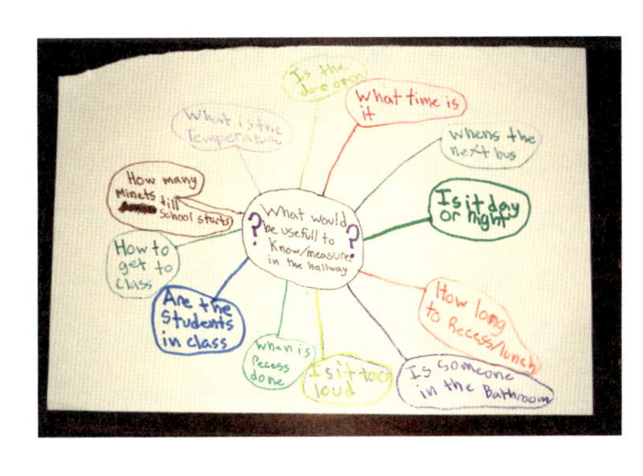

図4-2｜廊下で何が測定できるかについての生徒のブレインストーミングとそのデータの使用方法

この概念化のステップは見落とされがちです。詳細な指示を与え、まとめられた均質な部品を供給することによって、全員が同じデバイスの製作を進める形で、1つの話題について一方的に教えることは、確かに簡単なことです。時間や予算に制約があるときに、1つのプロジェクトだけをクラスで実行したことがあります。しかし、全員があらかじめ用意された単一の装置で作業していることは、“モチベーションの維持率”(プロジェクトサイクルの終わりまでに熱心で意欲的な子供の数)が大幅に低下する原因となります。

選択肢があるなら、私は自分たちの日常生活の複雑さの中にある問題を生徒に探させることを常に選択します。私たちはそれを“教室の問題発見”と呼んでいます。これは、できあいのキットを配るよりもはるかにゆっくりとしたスタートになりますが、それぞれの子供が自分の特別な何かを探究したいと思うようになるのを助けます。プロジェクトの途中で必ず苦しむ、スランプ状態から抜けるために後押ししてくれるのは、それぞれが彼ら独自の疑問点に力を注ぐことに尽きるのです。

生徒向けのフィジカルコンピューティングのプロジェクトで起こる他のリスクとして、使用するハードウェアや材料の範囲を超えた問題にぶつかってしまうということがあります。Makeblockエコシステムには、膨大な種類のセンサーとツールが組み込まれていますが、それだけではありません。限りあるセンサー、ボード、時間、予算を考慮すると、「今週の授業では何ができるか」という明確な限界があります。Makeblockの柔軟性は、こうした現実を容易にし、子供たちが自由な発想で問題点を探索することを後押ししてくれます。

廊下の問題点の検討から出てきた疑問を見て、温度モニターを作成することはプロジェクトの選択肢のひとつでした。別のグループは、ドアが開いている時間から、有用な測定値を得られるかどうかを調べるために、ドアを調査することに決めました。どちらのプロジェクトも、時間の経過とともにセンサーデータを保存し、評価するための何らかの方法が必要です。これらの2つの問題を見ると、mCoreとmBlockを使用してデータを取得して記録する2つの異なる方法が示されます。

センサーは、外界についていくつかの特定の情報を知らせてくれます。センサーの最も基本的なプログラムはその出力を表示することです、そしてそれはより大きなデータセットの一部として記録されたり、別のアクションのきっかけとして使用されます。しかし、これらのタスクは、センサーがデータをどのように報告し、変化する状況に対応するかについての正しい理解がなければほぼ不可能です。単純なセンサー表示プログラムを作成することは、より精巧なプロジェクトのための重要なステップであり、自律動作する学習のためのツールを作ることを助けます。この最初のセクションでは、タブレットまたはPCのいずれかを使用してセンサーの読み取り値を表示する方法を示します。この例では、図4-3に示すMakeblockの温度計を使用していますが、この方法は数値を扱うセンサーすべてに適用できます。

4-1 Makeblock Appのセンサーを監視する

Makeblock Appは、コントロールパネルとステータス表示をすばやく作成するための優れたツールです。Arduinoライブラリにアクセスする必要がなく、タブレットユーザーもMakeblock Appに含まれるセンサーブロックを扱えます。執筆時点では、Makeblockによって販売されているセンサーの大半が含まれていますが、新しいセンサーがリリースされると事情が変わる可能性があります。

図4-3｜MakeblockのRJ25コネクタボードと耐水温度計

Makeblock Appの強みの1つは、センサー値の表示のために提供されるさまざまなツールです。これらの例では、一般的な7セグメントLEDと線グラフをモデルにした数値ディスプレイを使用します。これらは、センサーの正確な履歴を提供するためのMakeblock Appのとても良いツールです。

Makeblock Appを開き、新しいMakeblockスケッチを作成してから、カスタムパレットから「折れ線グラフ」ブロックを選択します[図4-4を参照]。

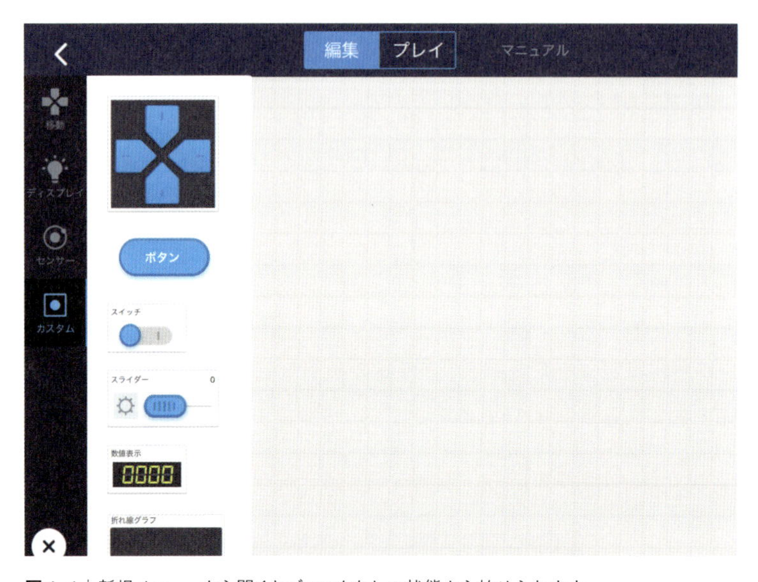

図4-4 | 新規メニューから開くとブロックなしの状態から始められます

Makeblock App画面の上部には、「編集」モードと「プレイ」モードを切り替えるボタンがあります。要素を追加または変更するには、「編集」モードにする必要があります。「プレイ」モードでは、これらの要素が、起動時のハットブロックにあるスクリプトとともに有効になります。Scratchでは、ブロックの組合せの最上部に設置する上部がなだらかなカーブを持つブロックは、帽子のような形なのでハットブロックと呼ばれます。すべてのハットブロックとそれに接続されたブロックは、起動するために何らかの合図を必要とします。Makeblockには、選択されたときに特定の動作のきっかけとなるさまざまな対話型UI（ユーザーインターフェース）要素もあります。センサー値を表示するには、「折れ線グラフ」「計器盤」「数値表示」などのUI要素が必要ですが、センサー読み取りのブロックはMakeblock Appのどこにでも使用できます。

この例では、図4-5に示すように、RJ-25アダプタボードを介して接続された3線式温度センサー付きのmCoreを使用しています。温度センサーはアナログなので、ポート3または4に接続する必要があります。この例では、ポート3とスロット1を使用しています。

図4-5 | 温度プローブはRJ25ボードに接続します。このボードは、1章「mBotを教室へ」のLEGOテクニックフレームにしっかりとボルトで固定されています。

Makeblock App内でセンサーの情報を可視化するには、空の「折れ線グラフ」ブロックにコードを追加する必要があります。編集モードで「折れ線グラフ」ブロックをタップし、コードを選択します［図4-6を参照］。Makeblock Appのブロックインターフェースには、多くのツールが用意されていますが、この例ではほんの一部しか使いません。

Makeblock AppのUIを使用してプログラミングする方法の詳細については、2章「mBotのソフトウェアとセンサー」を参照してください。

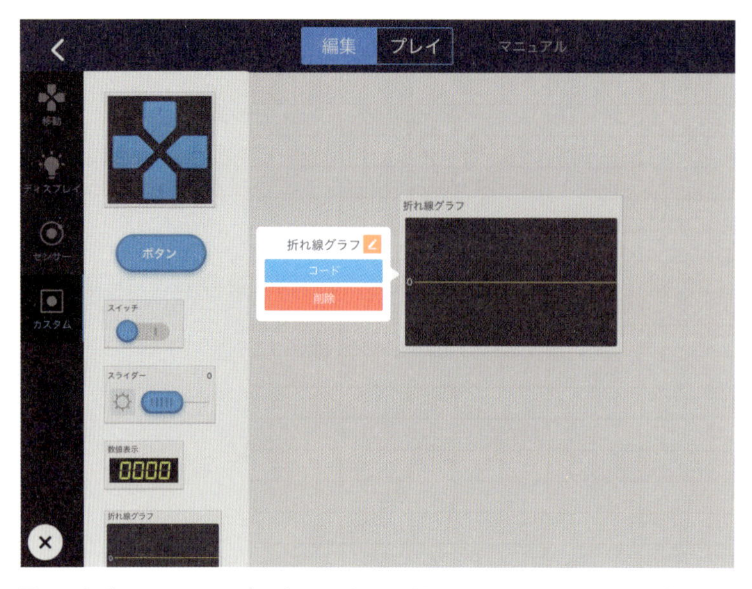

図4-6 | ブロックベースのプログラミング画面を開くコンテキストメニューは、編集モードでのみ使用できます。

折れ線グラフには常に温度の読み取り値が表示されます。「検知」パレットには「Read Common Temperature Sensor」ブロックがあります。それをドラッグして、ポートとスロットの値をポート3とスロット1に設定します。「表示」パレットから紫色の「ディスプレイ」ブロックを取り出し、オレンジ色のブロックを中に入れ、「オンにする」のセレクタから“これ”を選択します。この紫色のブロックを、「制御」のパレットからピンクの「ずっとリピートする」ブロックの中に入れます。最後に、水色の「スタート時」ハットブロックの下に「ずっとリピートする」を取り付けます。完成したブロックは、図4-7のように色とりどりなモンスターのようですが、温度計のデータをずっと取得しグラフ化します。

画面左上の矢印をタップすると、UIデザイン画面に戻ります。ここで、折れ線グラフのブロックの名前を変更して、実際に何をグラフ化しているものかを表示させる必要があります。折れ線グラフブロックをタップし、オレンジ色の鉛筆アイコンをタップして名前を変更します。折れ線グラフと他のすべての表示要素は、Makeblock Appがプレイモードになったあとに更新されます。温度が安定している場合、グラフは摂氏数度以内の変動を示します。もし手の中で温めてからプローブを取り出し、氷の中に突き刺すと、グラフはズームアウトして急激な温度の低下を表示するようになります。拡大すると、大きな温度変動が見えるようになりますが、詳細な値の変化はわかりにくくなります。Makeblock Appの変数を使用すると、動的折れ線グラフをスクロールしたあとでも、プログラムは特定の値を追跡できます。次に、センサーによって記録された最低温度を取得して表示するための変数を作成します。

図4-7 |「カスタム」を使うときは、ビジュアルによるポート指定ができませんので、ブロック内でポート番号を指定します。

Makeblock Appの変数に関連するブロックは、「変更“項目”に」、「セット“変数”まで」*4、および「変数」であり、それらはすべて数学パレットの中にあります[図4-8を参照]。

訳注*4 「変数を…ずつ変える」「変数を…にする」という動作をします。

これらのブロックのどれかをパレットからドラッグして、“変数”や“項目”のプルダウンをクリックすると、既存のすべての変数が表示され、削除または名前の変更が可能になります。慣れたプログラマーにとっては、このメニューに「変数を作成」がないことはすこし奇妙に思えるかもしれません。Makeblock Appでは、新しい変数は常に単に“変数”や“項目”と呼ばれます。変数の名前をわかりやすく明確なものに変更したあと、数学パレットから別のブロックをドラッグすると、別の新しい変数が作成されます。実際、Makeblock Appは、名前の変更以外に新しい変数を作成する方法を提供していません! この仕組みは、“名称未設定”のワープロ文書がデスクトップ上で引き起こす混乱と同様に、多くの匿名の“変数”と言う名前の変数がプログラムを混乱させる状況を回避してくれます。

図4-8｜変数関連のブロックは数学パレットにあり、Makeblock App内のすべての変数へのアクセスを提供します。

これらの変数は特定のUI要素に関連付けられていないことを知ることが重要です。特定のボタンまたはディスプレイにコードを追加するMakeblock Appのしくみは、すべてのコードがひとつのプログラムの一部であり、同時に実行されるということを分かりにくくします。変数は、複数の要素のコードブロックから設定、読み取り、および変更することができます。これにより、最低温度記録プログラムを視覚的にわかりやすくします。

ブロックベースプログラミングの本当に厄介な点の1つは画面幅です。ブロックが入れ子になっていると、重要な情報が画面の右側へ押し出されてしまいます。横スクロールは苦痛です！ これを避けるには、センサー読み取りを1回の処理で複数回呼び出すのではなく、変数を使用して温度の読み取り値を格納することをお勧めします［図4-9を参照］。

図4-9｜温度の読み取り値を変数に保存すると、別々のUIを構築してもその両方で同一のデータを使用することができます。

この方法は、「Read Common Temperature Sensorポート3、スロット1」のような長いブロックを1つのコンパクトな変数名“CurrentTemp”に置き換えます。都度センサー値を読み取る代わりに変数を使用することで、プログラムはより安定し（値が毎回変わらないため）、応答性が高く（タブレット上で動作するプログラムがmBotからの応答を待つ必要がないため）、よりわかりやすくなります。

Makeblock Appを使用して、モバイル機器の画面に現時点のデータを表示するポータブル温度計を作成しました。しかし、誰も画面を見ていない間に何か興味深い変化があっても、それは記録されていません。これを修正するために、センサーによって観測される最低温度を格納するための第2の変数を作成します。また、現在のセッションで記録された最低温度を常に示す新しいUI要素、「数値表示」を作成します。図4-10を参照してください。

図4-10｜Makeblock Appで新しい変数を作成するには、“項目”や“変数”のラベルのあるブロックをステージ上にドラッグし、プルダウンメニューから変数の名前を変更します。

最低温度は頻繁に変わることはありませんが、“CurrentTemp”をしきい値と比較して常にチェックする必要があります［図4-11を参照］。比較ループの前に「1秒待つ」ブロックを置くと、有効な“CurrentTemp”変数が最初から使用可能になります。

この数値表示のコードでは、“CurrentTemp”の値をセットしません。「折れ線グラフ」ブロックは、常にループ中で“CurrentTemp”の値を更新しており、このブロックはそのデータを利用できます。「折れ線グラフ」ブロックのコードとこれらのブロックの間には厳密な順序がないことに注意しましょう。両方とも「ずっとリピートする」ブロックを使用し、独立して繰り返します。このような緩やかな連携では、コンサート会場の周囲の騒音レベルのように、急速かつ非線形に変化するデータに問題を引き起こす可能性があります。ただし、温度変化のようにゆっくりと安定したものを処理しているため、“LowestTemp”のループが同じ“CurrentTemp”の値を2回チェックしたり、または“LowestTemp”チェックの繰り返しの最中に“CurrentTemp”の値がすばやく更新されても、大きな違いはありません。

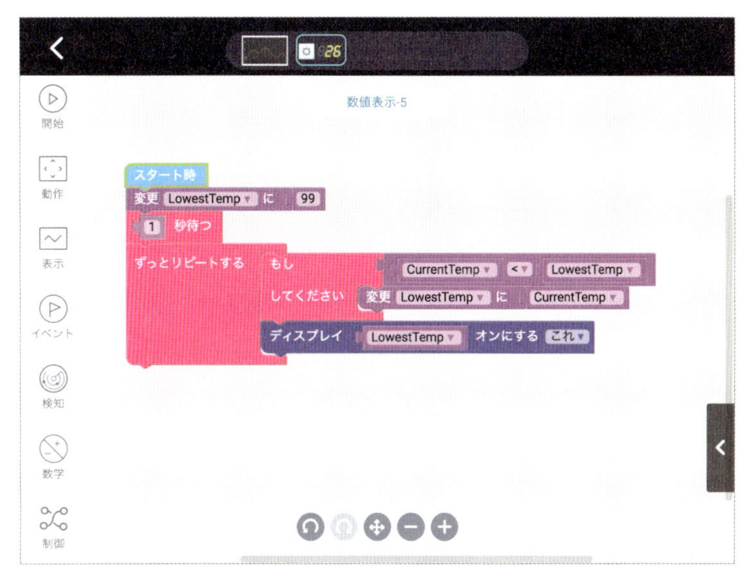

図4-11| 最低温度しきい値を99に設定するのはなぜでしょうか？ 初期値が大きいと、最初のループで“CurrentTemp”が“LowestTemp”より低くなるので、Doセクションが実行されるのです。

Makeblock Appを使い始めたばかりのときは、各コードを関連するUI要素に追加するとわかりやすいです。ウィジェットが“LowestTemp”を適切に表示していない場合は、数値表示のUI要素内のコードのチェックをまず最初にしましょう。画面の上部にある水平のナビゲーションパネルを使用すれば、プログラム内のすべてのUI要素のスクリプト間を素早く移動できます。しかしながら、プログラム内のどのブロックでも、各UI要素の表示を変更または更新できます。より複雑なプログラムでは、すべてのスクリプトを1箇所にまとめるほうがよりエレガントな場合があります［図4-12を参照］。

利用可能なセンサーを幅広く使用すれば、Makeblock Appを、強力で汎用性の高いデータ監視ステーションにすることができます。調査ツールとしてのMakeblock Appの唯一の制限は、Bluetooth接続できる範囲に限られることと、データストレージが少ないことです。デスクトッププログラミングツールであるmBlockを使用すると、これらの制限を回避することができますが、センサーを扱う際にかなり異なる経験をすることになります。次のセクションでは、mBlock内で同様の温度ログプログラムをもうひとつ作成し、mBlock環境でのデータ関連ツールに着目します。

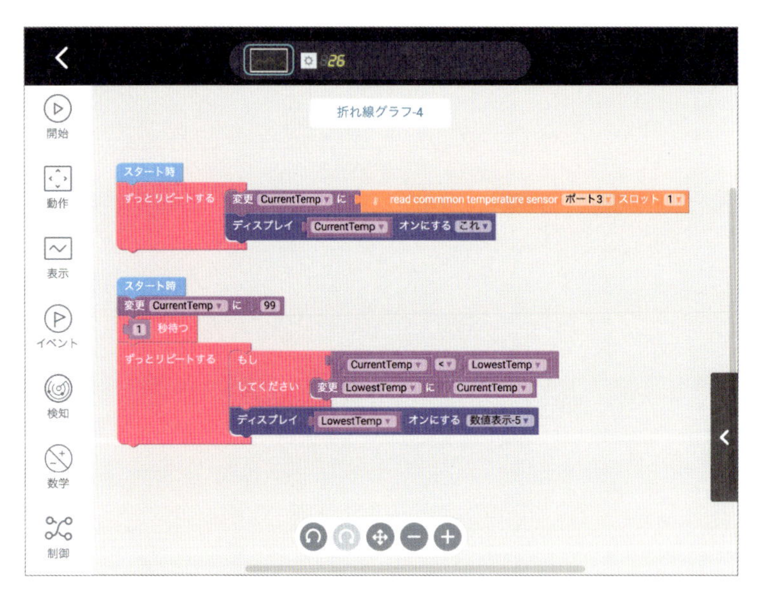

図4-12｜自己参照キーワードの“これ”の代わりに最後の表示ブロックを数値表示に変更することにより、1つの要素にすべてのプログラムを入れることができます。

4-2 mBlockでセンサーを監視する

デスクトップ上でmBlockを使用している場合、センサーの値を確認する最も簡単な方法は紫色の「と言う」ブロックを使用することです。それは派手なやり方ではありませんが、値があなたの期待されるセンサーのふるまいと一致しているかどうかを確認するには素晴らしい方法です。クラスや大規模なグループで作業する場合は、あらゆるプログラムの最初のステップとして必須である「言うブロックでのセンサーのテスト」が必要です。この小さなステップは、プロジェクト初期によく起こる問題に対する保護手段として機能します。図4-13のようにパンダが温度を言うことができるのであれば、mBotボードの電源が正しく接続されていて、シリアル接続が動作し（Bluetooth、2.4G、USBなど）、すべてのセンサーが正しく接続され、表示されるデータが期待通りであることになります。

このシンプルなプログラムの作成は、mBlockを適切に設定するためにこなすべきたくさんの退屈なタスクリストや何も起こらない白い画面を引き起こす事態に代わるものです。初歩的な問題を解決するため、「と言う」ブロックを使用して生徒がハードウェアを試すのに役立つインタラクティブなツールを作成します。

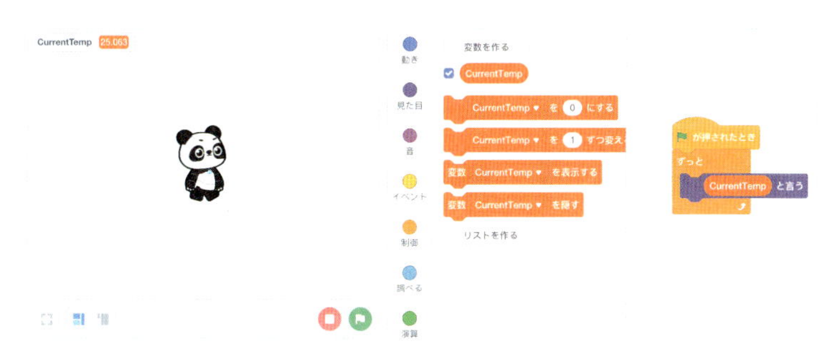

図4-13｜mBlockのデフォルトのパンダスプライトは、センサー値を言わせるときに役に立ちます。

mBotのワイヤレス通信により、制御しているノートPCから遠く離れた場所の温度を測定できるため、mBlockのステージだけでなく、デバイス自体にも温度を表示することが重要です。定番の7セグメントディスプレイを使います。「と言う」ブロックと同じように、7セグメントブロックは、図4-14に示すように、変数または数式を含む任意の英字または数値を入れられます。

mBlockでは、視覚的な構文はMakeblock Appとは異なりますが、変数を使って記録された温度を追跡できます。2つの異なるブロックベースのツールを経験すると、若いプログラマーは構文上の違いのなかで構造上の類似点を探すようになります。Makeblock App、mBlock、Arduino C、Pythonのいずれで作業している場合でも、センサーループの流れは同じです。新しい測定値を取得し、値を確認し、必要に応じて置き換えを繰り返します。mBlockでは、同じループ内で高温と低温のしきい値をチェックします。

図4-14｜演算子パレットの緑色の「を四捨五入」ブロックを使用して、温度を1度単位に丸めます。

Makeblock Appのプログラムで行ったように、温度計からの最新の読み取り値を“CurrentTemp”変数に格納し、それに基づき“HighTemp”変数と“LowTemp”変数を使用して最高温度、最低温度の値を記録します。mBlockで変数を使用するときは、「変数」パレットで[変数を作る]ボタンを使用して変数を作成し、プログラム自体でオレンジ色の「変数を()にする」ブロックを使用します。

このプログラムは、最初に高温と低温の両方を温度計の初期値として設定します。これは時間の経過とともにチェックするための合理的な基準値を提供します。mBlock の「変数を()にする」ブロックのデフォルト値は0です。これは摂氏温度でも通常の温度ではなく、華氏の場合は超低温です。

変数が設定されたら、プログラムのメインループを組み立てます。Makeblock Appプログラムの場合と同様に、このループはプログラムの開始後くり返して実行され、ユーザーの操作は不要です［図4-15を参照］。

私はループ内で「もし…なら…でなければ」ブロックを使用してひとつ目の基準を確認してから、「でなければ…」構文に別の「もし…なら」ブロックを入れ子にすることをお勧めします。これにより、一度の繰り返し処理で“HighTemp”レコードと“LowTemp”レコード の両方が“CurrentTemp”の値に置き換わることはありません。

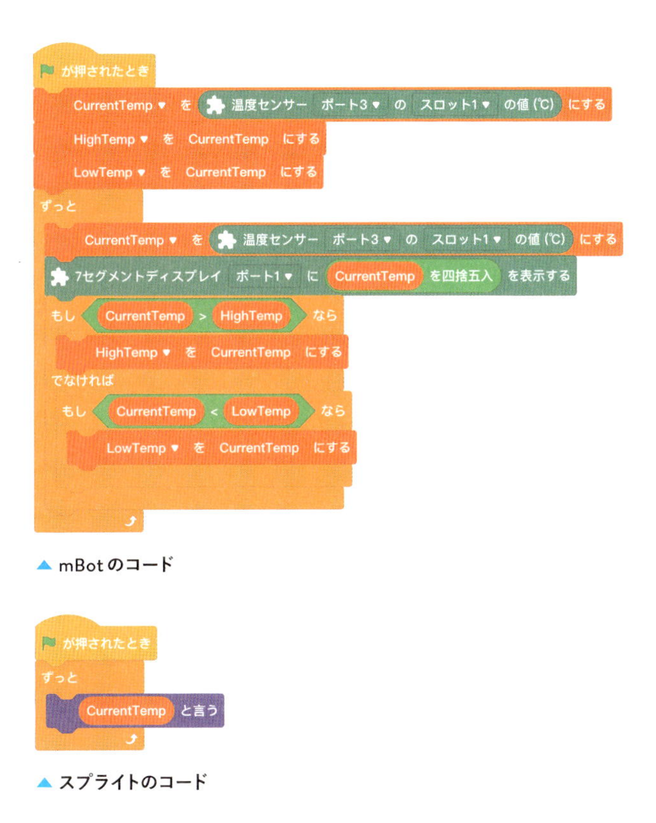

▲ mBotのコード

▲ スプライトのコード

図4-15｜ このバージョンは、Makeblock Appで作成されたモバイルプログラムの動作を再現します。

プログラムが起動し、“HighTemp”と“LowTemp”に同じ値が割り当てられると、温度が変化するまでこれらの値は変わりません。各ループの開始時に、“CurrentTemp”の値は7セグメントディスプレイと、「と言う」ブロックによってステージ上のスプライトの吹き出しに表示されます。“HighTemp”と“LowTemp”のステージ上の変数モニターは、「変数」パレットの変数名の横にある小さなチェックボックス、またはオレンジの「変数を表示する」ブロックと「変数を隠す」ブロックをプログラムで使用することによって制御されます。

mBotのPC用プログラミングツールであるmBlockを使った場合、mBlock3まではグラフを描くためには「ペン」を使ってステージ上に表示する必要がありました。この方法では、グラフの大きさがステージの大きさに制限されてしまうため、Y軸方向の大きさ（最大の大きさ、センサー値の変化量あたりの大きさ）やX軸方向の大きさ（時間軸の最大値、単位時間あたりの変化量）をステージの大きさに合わせて工夫する必要がありました。mBlock5では、グラフを描画するための専用のブロックが追加され、このブロックを使うとステージの大きさを気にすることなく自由に描けるようになっています。

この専用のブロックを利用するには、パレットにある[拡張+]ボタンを押して表示される「データチャート」の[+追加]ボタンを押してください。「データチャート」拡張は、データの保存と可視化の両方の機能を持っており、追加すると以下のブロックが利用可能となります。

図4-16｜mBlock5から、センサーデータを可視化するための専用の拡張が用意されています。

図4-17｜「データチャート」拡張で利用可能になるブロック

「グラフのタイトルを()に設定する」ブロックを使うとグラフに名前を付けることができます。これが変数名にあたり、ここで指定した名前を「()グラフ:x()y()にデータを入力する」の最初の値(デフォルトで"indoor"が入っている箇所)に入力することで、グラフにデータを追加できます。

「チャートのタイプ」ブロックでは、チャートの表示形式を「表」「折れ線グラフ」「棒グラフ」から選ぶことができます。実際に動かしてみるとわかりますが、表示形式は画面上であとから変更することもできますので、このブロックはチャートを最初に表示したときの形式の指定ということになります。

「データチャートのウィンドウを開く」や「データチャートのウインドウを閉じる」ブロックは、作ったチャートを表示したり隠したりするのに利用します。

「軸名称をx()y()に設定する」を使うことで、x、yのそれぞれがどんな意味の値かを表示させることができます。

「データを削除する」で格納されているすべてのデータをクリアできます。標準のリストのようにデータの一部だけを削除することはできません。

　これらのブロックを使った、1秒間隔でデータを記録するプログラムは以下のようになります。

が押されたとき
データを削除する
グラフタイトルを Temp に設定する
チャートのタイプを 折れ線グラフ に設定する
データチャートのウィンドウを開く
Count を 1 にする
ずっと
CurrentTemp を 超音波センサー ポート2 の距離 にする
Temp グラフ: x Count y CurrentTemp にデータを入力する
7セグメントディスプレイ ポート1 に CurrentTemp を四捨五入 を表示する
Count を 1 ずつ変える
1 秒待つ

図4-18 | 1秒間隔で折れ線グラフを描画します。

mCoreのようなArduino Uno派生ボードで取得したデータを外部に取り出す場合には、シリアルモニターを使うか、SDカードのような外部ストレージを使う必要があり、初心者にはやや難しい、もしくはかなり難しいものになっています。mBlock5では、USB/Bluetoothのいずれかで接続されたmBotからデータを取得し、表示できるようになっていますので、センサーデータの取り扱いがとても簡単です。これらのデータは、CSV(カンマ区切りのテキスト)形式でダウンロードすることも可能です。CSV形式のデータをダウンロードする場合は、チャートウィンドウの下に表示されたボタンから「表」を選択してからそのとなりの「ダウンロード」を押してください。

図4-19 | CSV形式でデータをダウンロードする場合は「表」を選択します。

「折れ線グラフ」「棒グラフ」を選択した状態でダウンロードを実行すると、それぞれのグラフが画像データ（PNG形式）としてダウンロードされます。
「データチャート」で保持できるデータの数の上限は、本書執筆時点で200件となっています。つまり、1秒間隔でデータを記録した場合、最大200秒（3分20秒）間のデータしか記録できないことになります。

廊下の温度を監視しているデバイスの場合、1秒間に1回の読み込みでも頻度が高すぎる可能性があります。仮に200秒間のほぼ変化のないデータを取得したとしても、それはあまり意味がありません。そこでタイマーを使って温度の読み取りを60秒間隔にしてみました［図4-20参照］。これにより 60秒×200＝12,000秒（3時間20分）の間、廊下の温度を監視し取得することができるようになりました。

調査方法の設計を行ううえで、このような考え方はとても重要です。これらのプログラムは、教科書的な問題の答えではなく、状況に応じて適切な方法を考える必要があります。その答えは設計者によって変わることもあるでしょう。

あなたの観測したい環境に応じた適切なデータの取得間隔（サンプリング間隔といいます）を見つけてください。

```
が押されたとき
データを削除する
グラフタイトルを Temp に設定する
チャートのタイプを 折れ線グラフ ▾ に設定する
データチャートのウィンドウを開く
Count ▾ を 1 にする
ずっと
  CurrentTemp ▾ を 超音波センサー ポート2 ▾ の距離 にする
  Temp グラフ: x Count y CurrentTemp にデータを入力する
  7セグメントディスプレイ ポート1 ▾ に CurrentTemp を四捨五入 を表示する
  Count ▾ を 1 ずつ変える
  60 秒待つ
```

図4-20｜時間間隔を指定し、プログラムを1分間スリープ状態にします。

毎分温度を読みを取るという設定はわかりやすいですが、すこし恣意的です。なぜ75秒じゃないの？ どうして3分じゃないの？ テザーモード[*5]での強力な能力の1つは、その場で変更できるプログラムを作成することです。

mCoreにアップロードするプログラムを調整可能なように書くことはいくつかの問題を引き起こします。あなたはどのようにプログラムの現在の状態を知りますか？ どのような入力方法がそれらの状態を調整しますか？ ユーザーが正常に状態を変更したことを確認するために、ユーザーにどのようなフィードバックが提供されますか？ いくつかのLEDを点滅させてプログラムの状態の変化を伝えようとすると、その複雑さが悪夢になることがあります。テザーモードを使用すると、画面、キーボード、およびマウスがすべてのmBlockプログラムからアクセスできるようになります。これにより、明確で直感的な制御方式を作成できます。

最初のステップは、ループのしきい値となる60秒を変数に置き換えることです［図4-21を参照］。それだけでは、プログラムの動作は変わりません。

“SampleDelay”は60に設定されているので、プログラムがIf文を実行するたびに値がチェックされます。

訳注*5　アップロードモード「オフ」を選択した状態

図4-21｜ループが実行される前に"SampleDelay"を設定すると、実行するたびに60秒の遅延でプログラムが開始され、その値はあとで調整できます。

これらのブロックは、mBlock5がキーボード入力を待ち受ける2つの異なる方法を利用しています。最初は、制御パレットにあるオレンジ色の「キーが押された」ハットブロックです[図4-22を参照]。「キーが押された」ブロックは、キーボードの入力を常に監視しており、以下に続くブロックを一度実行します。ただし、信号がオンのままであれば(キーボードのキーが押され続けているなら)、ブロックは何度も何度も実行されます。これに対処するために、プログラムは押されたキーが離されるのを待ちます。これは、デバウンスと呼ばれているものに似ています。物理システムからの邪魔な入力を排除する処理です。このブロックを追加することで、上下の矢印を押すたびに"SampleDelay"の値が5秒ずつ変更されることが保証されます。変数名の横にある小さなチェックボックスまたは「変数を表示」ブロックを使用すると、"SampleDelay"の現在の値が常にmBlockステージに表示されます。

図4-22｜「キーが押されたとき」のハットブロックを使えば、常時チェックされる要素をメインループに組み込まなくても導入できるようになります。

このようにして取得されたデータは1行に1つのデータがあるテキストファイルとしてダウンロードできます［図4-23参照］。この形式は、値をコピーしてGoogleスプレッドシート、Excel、Numbers、または他の同等のプログラムに貼り付けるのに便利です。

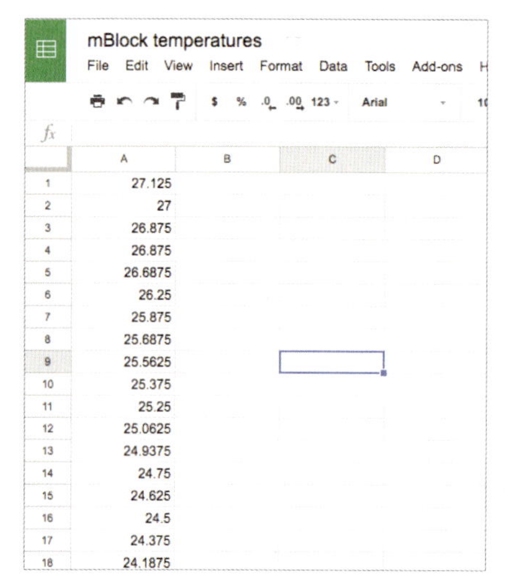

	A	B	C	D
1	27.125			
2	27			
3	26.875			
4	26.875			
5	26.6875			
6	26.25			
7	25.875			
8	25.6875			
9	25.5625			
10	25.375			
11	25.25			
12	25.0625			
13	24.9375			
14	24.75			
15	24.625			
16	24.5			
17	24.375			
18	24.1875			

図4-23｜ダウンロードしたCSVデータをGoogleスプレッドシートで表示した場合

データをダウンロードすると、生徒は既存のツールを使用して単純なグラフを作成したり、平均値、中央値、最頻値などの中心的傾向を計算できるだけでなく、複数のmBlockプログラムからデータを収集できるようになります。いくつかのグループが、問題点のある領域を監視するために、小さな測定装置を複数用意している場合、共通の文書にデータをダウンロードすることで、生徒は簡単に結果を比較することができます。廊下に沿って間隔を置いて配置されたこれらの温度モニターのうち3つを考えてみましょう。すべてのデータが1つのスプレッドシートにまとめられている場合は、気温の低下が、開いているドアから廊下をあっという間に伝わっていくのが容易にわかります。

4-3 ドアモニターを製作する

温度を測定し記録するためにプログラミングに手を加えることができますが、ハードウェアはそれほど多くのことを考える必要はありませんでした。この章で見てきたように、基本的な読み取り値を得るためにすることは、温度計を差し込み、「温度センサーの値」ブロックを見つけることに尽きます。こうした様子は、ドアの開閉状態を追跡するような用途ではかなり異なります。この用途に適した多くのセンサーと方法がありますが、どれも「ドアセンサー」という名前では呼ばれず、mBlockにも「ドアセンサー」ブロックは用意されていません。この次のセクションでは、さまざまなツールを使用してドアの状態を追跡する方法と、特定のセンサーとは切り離されたプログラムを設計する方法を見ていきます。

このように現実の世界の問題に若い技術者が取り組むときは、対象とする空間の物理的に細かな点を注意深く観察することが重要です。私はメンターとして、小さな観察や行動について質問を繰り返すと、最終的には子供たちのものさしがロボットやセンサーが測定できる尺度に転ずることに気付きました。「ドアはどのように開くのですか」という問いに十分に噛み砕かれた答えにたどり着くには、実際のドアをいじるために脚立に乗ったり床に横になったりと、時間がかかることがあります。子供たちのグループにとってこれらの質問が素晴らしい成果になるのは、深く詳細な観察によってすべてのドアが同じではないことを発見したときです！ それぞれのドアの素材、フレーム、重さ、そして構造の違いによって、生徒はそれらの多様で現実的なバリエーションすべてに対応する新しいソリューションを生み出すことができます。

スライドドアの場合、mBot超音波距離センサーは内側に面し、ドアが開いたときに隙間を監視することができました［図4-24を参照］。

mBotライントレースセンサーは、ドアの蝶番のついた端の近くに配置されています。アイスキャンデーの棒はドアの観測点を拡大するのに使用されています。図4-25の紫色のスティックは、ドアが開かれるまでライントレースセンサーの2つの光センサーの片方を塞ぎます。これにより、ライントレースセンサー上の2つの異なるセンサーが別々の値を示し、閉じた状態として認識します。

図4-24｜このセンサーの初期のバージョンは、幼稚園の子供がすり抜けられるような小さな隙間でドアが開く場合では失敗になりました。

図4-25｜このアイスキャンデーの棒を使った解決策は、生徒がドアの動きを確実にとらえるための方法を見つけることに工夫を重ね、見いだしました。

これらの生徒は一般的な市販のドアアラームをまねて、ドアフレームに付いている磁気リードスイッチと金属製のドアに付いているマグネットを使いました［図4-26参照］。

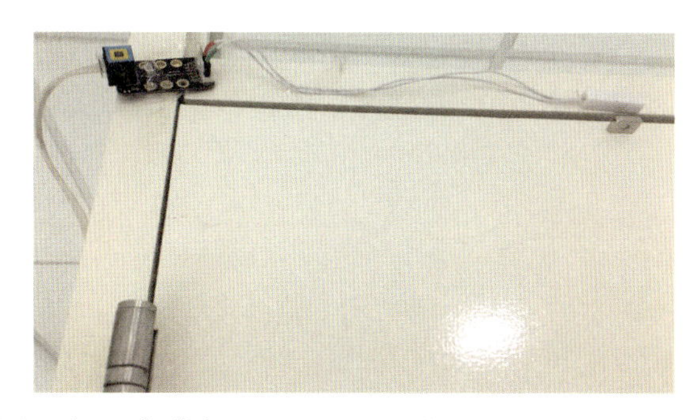

図4-26｜あるグループの学生は早いうちからリードスイッチに目を付け、マグネットを固定するための金属製のドアを校内で探しました。

リードスイッチには、強力な磁力に反応して動くプラスチックハウジングに入った小さなレバーがあります。リードスイッチは、mCoreの他のボタンと同様に機能します。RJ25コネクタでは、1本の線をグランド・ピンに接続し、もう1本をS1またはS2ピンに接続します（使用するポートによって異なります）。ここでは、リードスイッチのワイヤーを剥き2.54mm（標準0.1インチピッチ）のピンソケットにハンダ付しています。これはRJ25ボードのJSTコネクタにうまく挿さります［図4-27参照］。

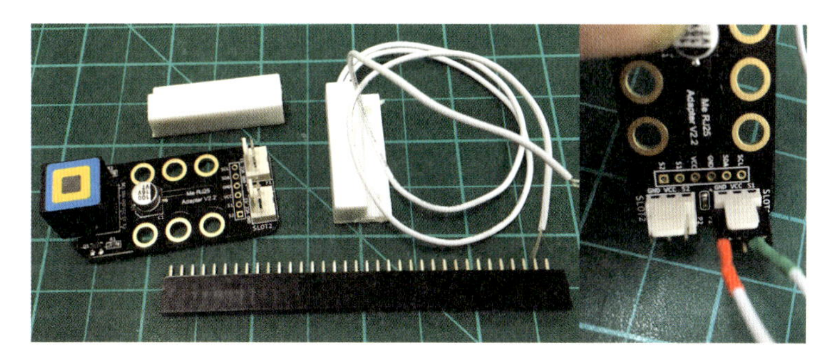

図4-27｜RJ25基板に接続するためピンソケットをハンダ付けすると、思い付くほとんどのスイッチのアイデアがmBot互換になります。

たいていのリードスイッチは2つのプラスチック部品の組み合わせで売られていますが、ワイヤーのつながれていないほうの部品にはマグネットが入っています。教室では、この部分は失くなってしまうことが多く、生徒は一般的な磁石を使ってなんとかします。私たちの

Makerspaceは、サイズや保管上の問題から、強力な希土類磁石を使用する傾向がありますが、赤と青のU字の磁石でもうまく動作します。

この生徒の作ったアルミホイルのボタンは、ホイルで包まれたアイスキャンデーの棒が、それぞれRJ25コネクタの1つのピンに接続された2つの小さいホイルパッドの間を導通させます［図4-28参照］。これは雑な作りのボタンですが、磁気リードスイッチと同様「リミットスイッチ」ブロックを使用して適切な読み取りを行うことができます。

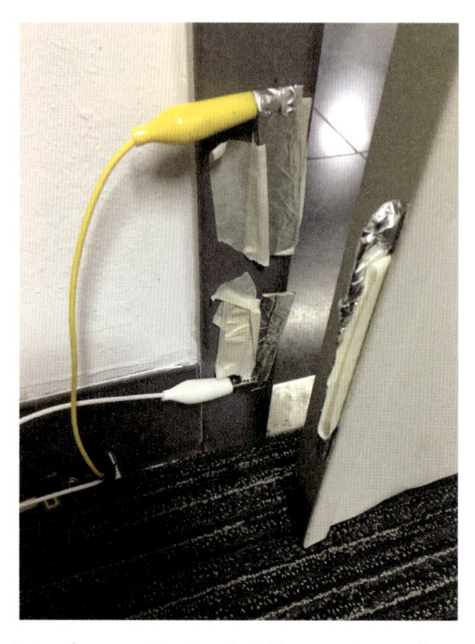

図4-28｜ワニ口クリップは、リードスイッチと同様にヘッダーピン付きのRJ25ボードに接続しています。

私たちがとても長いRJ25ケーブルを使用することで、このような、子供による独創性に富み複雑な解決策が実現可能であることを改めてお伝えしておくべきでしょう。もし私たちがMakeblockに付属するケーブルを使用する場合、2.5mのドア枠の上部にスイッチを置くことは、mCore自体を子供の背より上に設置するということになります。3.5mまたは

4.5mケーブルを使用する場合、軽量なスイッチとセンサーボードをマスキングテープで不安定な場所にも設置可能で、mCoreのほうは安全な場所に置いておくことができます。長いケーブルでドア脇や床に沿ってきれいに配線しておくと、通常の学校生活の動線による危険を冒すことなく、子供たちが作ったセンサーを数日から数週間有効に使用できます。特別な長さによって手軽で柔軟な対応ができることを見逃してはいけません。

これらのソリューションは、ドアをチェックする方法の一例であり、すべてではありません。シンプルな問題は複雑な解決策を生むことがあります。特に子供が驚くほど非効率なものを作る方向に向かっているときは、教師や指導者が「正しい」解決法を提示することを我慢するのは難しいかもしれません。強くなり静かに待ちましょう！ どんなに難解なソリューションであっても、mBlockのカスタムブロック機能を使用して、乱雑なものも抽象化することができます。

ドアの開閉をチェックするためにカスタムブロックを使用する目的は、物理的な構造について気にすることなく、ドアセンサーからのデータを使用するプログラムを作成するということです。特定のセンサーからの読み取り値を見る代わりに、プログラムで"DoorStatus"という新しい変数を作成し、"Open"または"Closed"のいずれかのステータスを割り当てます。mBlockの変数には、文字や数字を格納でき、型に応じた操作を実行できます。文字列では、減算はできませんが、等しいかどうかの比較はできます。文字列の場合、"等しい"とは文字ごとの完全一致を意味します。"DoorStatus"の値として、Open / Closed、True / False、0/1などの間には機能的な違いはありませんが、Open / Closedを使用すると、誰が見てもはるかに読みやすくなります。

"DoorStatus"の値は、"CheckDoorState"というカスタムブロック内からのみ変更します［図4-29を参照］。このようにすると、メインプログラムはドアセンサーがライントレースセンサーか磁気リードスイッチかを気にする必要がなくなります。

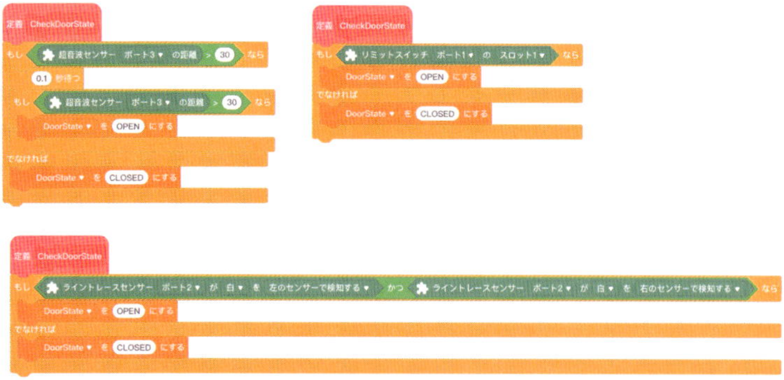

▲ mBotのコード

▲ スプライトのコード

図4-29 | これらの図に示されている4つの“CheckDoorState”関数のいずれも同じプログラムにドロップでき、それらは同じように機能するはずです。

これらの“CheckDoorState”ブロックはすべて、特定のセンサーの物理的な設置状況において動作しますが、メインループはそれらの詳細について何も知る必要はありません。“CheckDoorState”ブロックを使用することは、その関数内部で何が起きても、コードが“DoorStatus”変数を正確かつ迅速に更新することをメインのプログラムが信頼することを意味します。

このプログラムでは、温度記録プログラムと同じ手法を使用して、“OpenLength”という名前のデータチャートにドアが開かれている時間を記録します。このプログラムでは、2つの薄青色のブロックを使用して、プログラム内の時間を監視します。センサーパレットの「タイマー」と「タイマーをリセット」です。mBlockのプログラムでは、プログラムブロックが実行されているかどうかにかかわらず、プログラムウィンドウが開くとすぐにタイマーが起動します。この値は、「タイマーをリセット」

ブロックが実行されるまで継続的に増加し、実行すると0にリセットされ、再びカウントを開始します［図4-30を参照］。

```
が押されたとき
データを削除する
グラフタイトルを Open Length に設定する
チャートのタイプを 表 ▾ に設定する
軸名称をx count Y に設定する
データチャートのウィンドウを開く
Count ▾ を 1 にする
ずっと
  CheckDoorState
  もし DoorState = OPEN なら
    タイマーをリセット
    DoorState = CLOSED まで繰り返す
      CheckDoorState
    Open Length グラフ：x Count y タイマー にデータを入力する
    Count ▾ を 1 ずつ変える
```

図4-30｜mBlockでは「タイマーをリセット」ブロックはスタートのピストル（緑の旗が押された）と同様に機能し、継続的に動作しているタイマーを0にリセットします。

“OpenLength”の結果のデータチャートには、Timerブロックのデフォルト精度である1/1000秒の時間が記録されます［図4-31を参照］。

図4-31｜ドアが1秒後に閉じても、タイマー値はまだ増加していることがわかります。

一定の時間間隔で読み取り値をとった温度の記録とは異なり、扉が開閉されたときにのみ、項目がリストに追加されます。その結果、“OpenLength”に記録した回数は、ドアが開かれた回数をカウントします。過去のドアが開いている時間を積算し、記録した回数で割ると平均を計算できます。私たちが玄関のドアで行ったように、カスタムブロックで処理を分離するのは良い習慣です。メインループの読みやすさを維持し、カスタムブロックは目的に集中させてください。プログラムでより多くのカスタムブロックを使用する場合、名前が正しく指定されていれば、デザイナーとユーザーの両方にとってわかりやすくなります［図4-32を参照］。

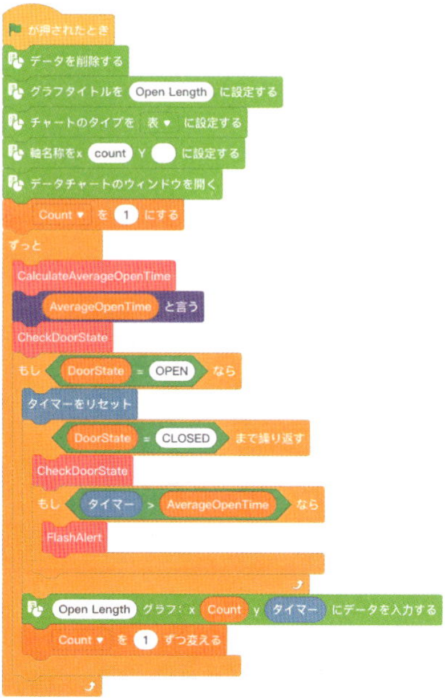

図4-32｜適切な名前が付けられたカスタムブロックは、明確で人間が読みやすいmBlockプログラムを作成します。

これらのカスタムブロックの定義に含まれているスクリプトを見ることなく、読み手は何が起こるかを直感的に知ることができます。カスタムブロック"CalculateAverageOpenTime"が変数"AverageOpenTime"を更新および設定することを名前だけで表しています。ドアがその値より長く開いているときは、"FlashAlert"が実行されます。このスクリプトは、音を出したり、LEDストリップを照らしたり、ロボットにドアを閉じさせたり、ホースをオンにしたりするよう指示します。ある意味、FlashAlertで表されるスクリプトはドアの近くの人間に閉めることを動機付けようとします。

最初に作ったプロトタイプで満足している若いプログラマーに、こうしたより良い方法でプログラムにカスタムブロックを追加するよう勧めてください。新しいカスタムブロックには動作するスクリプトがなく、プログラムに追加されたときには何もしません。空のブロックは新しい機能のプレースホルダとして機能し、プログラマーは、どのようにそれを実現するかという問題を離れ、いつ、どうやって動作させるかに集中できるようになります。

子供たちはmCoreを使用して、日々の環境の中に存在している詳細な実データを収集することができました。自分たちが設計し、作った機器からの定量的な情報は、彼らが見つけた問題を解決する方法の発見を後押ししました。彼らは、リマインダの表示を設置し、屋外のドアを邪魔する砂利を取り除き、建物内の交通パターンを変更しました。これらの解決策は小さなものですが、それは子供たち主体の学習体験の強力なまとめとなります。

5 いろいろなロボットを作ろう

ロボットを制御するには、多くの方法があります。自律型ロボットは、GPSの位置情報や周囲の環境の情報をセンサーから取得して制御することができます。リモコンを使ってユーザーが操作することもできます。この章では、いくつかのタイプのロボットの制御方法を見ていきます。また、基本的なmBotキット用の2つのアドオンパックについても説明します。mBotアドオン「Servo Pack」および「Interactive Light & Sound Pack」には、多くのブラケット、ブラススタッド、M4ねじとナット、ビーム、追加センサー、およびRJ25ケーブルがレンチとともに付属しています。これらの商品は、この章の多くのプロジェクトを進めるうえでとても便利です。アドオンパックは、AmazonまたはMakeblockのウェブサイト（*https://store.makeblock.com/*）から入手できます[*1]。

訳注*1　日本での入手先はxiiページを参照

5-1 キーボードコマンドを使用したロボット制御

Bluetoothまたは2.4G無線モジュールを使ってノートPCまたはタブレットにmBotを接続し、図5-1に示すコードを作成します。Bluetooth接続では、矢印キーを使って部屋のどこからでもmBotを制御できるようになりました。

その前に、スピードについての簡単なメモを共有します。ロボットの動きが速すぎる場合は、ロボットの最高速度を100から40に落としてください。しかし、次のことを覚えておいてください「速度の値を下げすぎると、ギアの摩擦抵抗とホイールの重さが組み合わさって、組み立てたmBotを動かすことができなくなります」。私たちは、スピードをおよそ30未満にすると、mBotを完全に止まった状態から動かせるほどの力が無いことを見つけました。しかし、すこし押せば前進し続けるでしょう。

矢印キーを使って移動させられれば、複数のmBotを使ってあらゆる種類の課題を考えだすことができます。Bluetooth接続は各mBotに固有であるため、各ロボットへの信号は互いに干渉しません。図5-1に示すコードで動かし続けることもできますが、他のセンサーからの入力に基づいて動くコードも追加できます。こうすることで、ロボットが他のことをしている間に、上下左右のキーを使って動かすことができます。

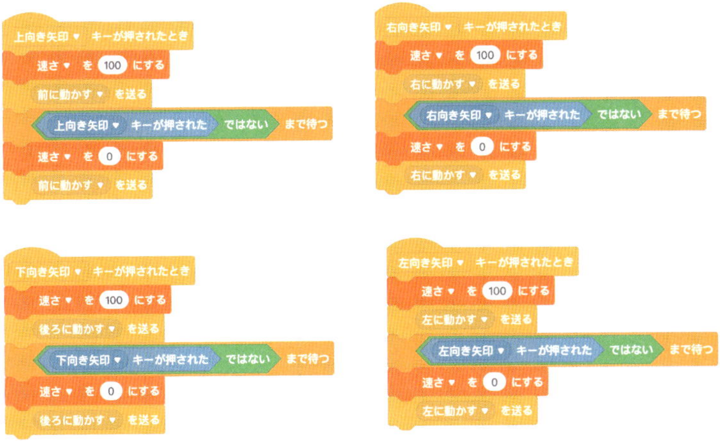

▲ スプライトのコード

▲ mBotのコード

図5-1 | このコードでは、キーボードの上下左右キーでmBotを制御できます。

5-2 ロボティック・ゲーム・チャレンジ

矢印キーを使ってmBotを動かすことができたら、あなただけのバトルボットを作ることができます！ 人気があるのは相撲ボットで、2つ以上のボットがテープで床に描かれた土俵の中で戦います。最後まで土俵に残っていたボットが勝ちです！ 私の生徒は、図5-2のように古いCDを使ったユニークなデザインで、土俵から相手を「すくい上げる」ことができました。私たちは相撲ボットの防衛と攻撃のアイデアから考え始めます。

図5-2 | これらは、中学生が作った創造的な相撲ボットたちです。

すくいあげるロボット

古いCDをショベルカーのブレードのようにmBotの前面に貼り付けることで、相手を土俵からすくい上げることができます。

［部品］

- □ L型直角ブラケット：2
- □ M4×8ねじとナット：2
- □ CD：2
- □ 廃材

子供たちは何もかもテープで固定しようとします。以下の手順は、ねじでCDをしっかりと取り付ける方法を示しています。

1. まず、M4×8ねじとナットを使って2つのL型直角ブラケットをmBotの前面に取り付けます。

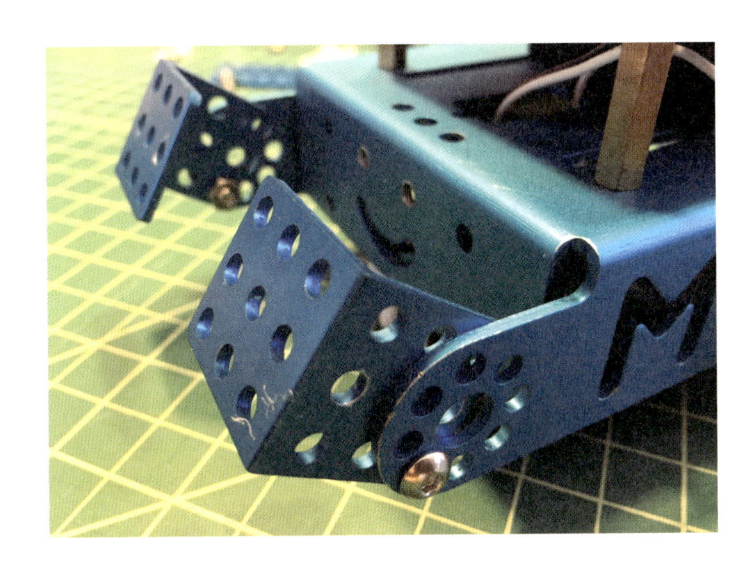

2. グルーガンで2枚の古いCDを接着してから、mBotを裏返してL型直角ブラケットをあてて、穴を開ける位置に印を付けます。

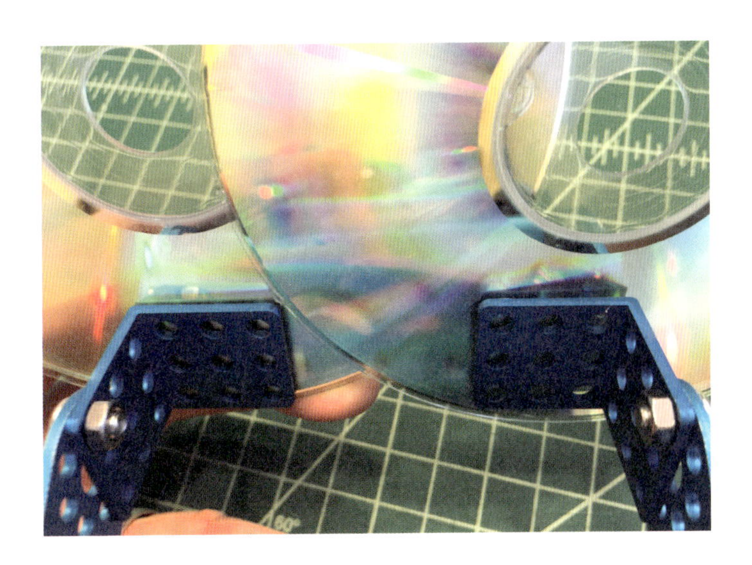

3. CDの下に廃材を置き、印を付けた位置にドリルで穴を開けます。

4. 最後に2枚のCDにM4×8のねじとナットを差し込んで締め付け、しっかりと固定します。これでリングから相手をすくい上げる準備が整いました！

サーボで振り下ろすヤリ

攻撃するための機構として、サーボとBBQの串で振り下ろすヤリを付けます。

［部品］

- □竹串
- □結束バンド：2
- □9gサーボとサーボホルダー
- □L型直角ブラケット：2
- □M4×8ねじとナット
- □9穴ブループレート
- □RJ25アダプタ

1. まず、以下の図のように、4つのM4×8ねじとナットを使って、2つのL型直角ブラケットをmBotの前面に取り付けます。L型直角ブラケット、サーボ、およびサーボホルダは、アドオンパックの「Servo Pack」に含まれています。

2. 次に、Servo Pack付属の小さなボルトとナットを使って、9gサーボをレーザーカッターで作ったアクリル製のブラケットに取り付けます。本書のウェブサイト（*https://www.airrocketworks.com/wp/fullscreen-video/instructions/make-mbots/*）でファイルをダウンロードしてレーザーカッターで作ってください。レーザーカッターが使えない場合は、PDFを実物大で印刷し、厚紙や薄い木を使って作ることもできます。

3. mCoreをmBotに固定している後部ポストからM4ねじを取り外し、M4×25ブラススタッドと交換します。

4. ブラススタッドに9穴のブループレートを2本のM4ねじで取り付け、RJ25アダプタを2本のM4ねじとナットでブループレートに取り付けます。サーボをRJ25アダプタのスロット2に差し込み、RJ25アダプタをmCoreのポート4に接続します。

5. サーボをmBotの前面に取り付ける前に、サーボが中央になるように調整する必要があります。Bluetoothまたは2.4G無線モジュールのいずれかで、mBotをPCに接続します。次に、以下の図に示すように、サーボを中央になるよう設定するコードを作成し、mBotで実行します。どのプロジェクトでも、このコードを使ってサーボを中央に設定できます。

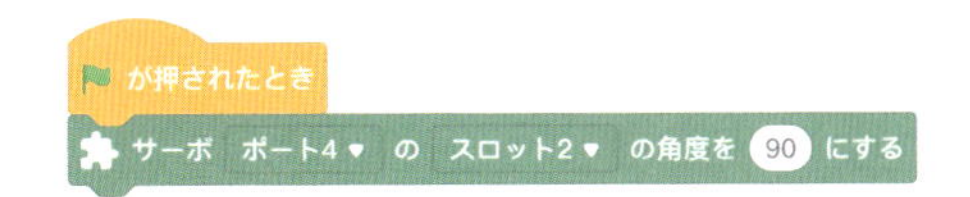

これで、小さなプラスドライバーと、サーボに付属の小さなセルフタッピングねじを使って、サーボアームをサーボに取り付ける準備が整いました。

6. 2つのM4×8ねじとナットを使って、mBotの前面に取り付けられたL型直角ブラケットにサーボを取り付けます。

7. サーボアームに竹串のやりを並べ、2つのケーブルバンドで取り付けます。

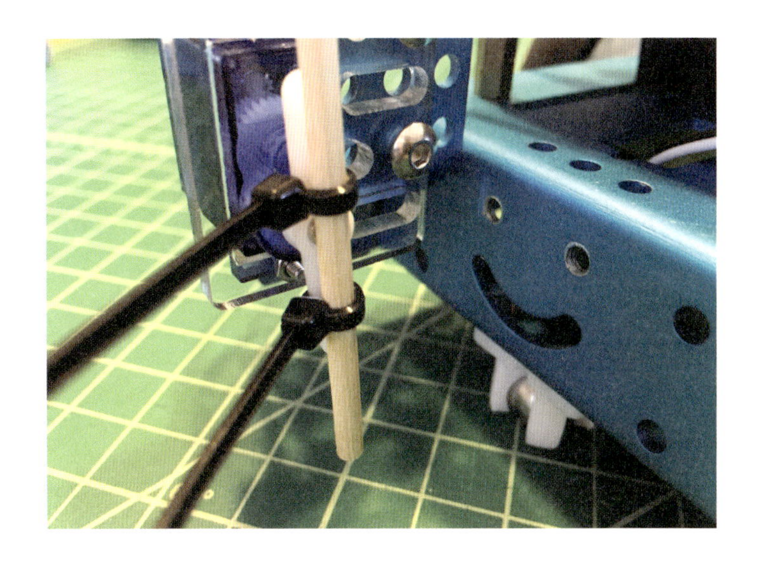

8. ケーブルバンドを強く引き、ケーブルバンドの余った部分を切り取ります。

9. 以下の図に示すコードを作成し、mBotで実行します。

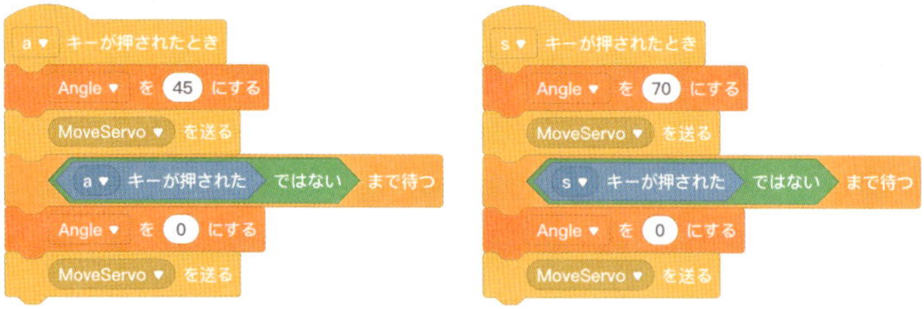

▲ スプライトのコード

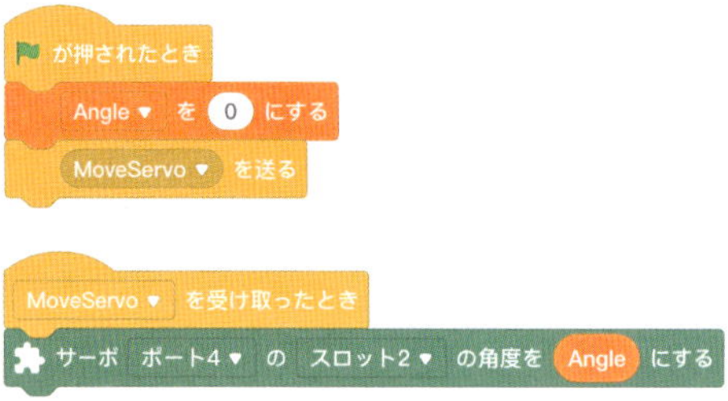

▲ mBotのコード

私は、やりを45°から90°にするために、すこし角度を変えなければなりませんでした。キーボードのAキーを押すと、やりは45°に下がります。キーを離すと、上の位置に戻ります。Sキーを押すと、槍は90°の角度に下がり、キーを離すと再び上の位置に戻ります。これで、PCから上下に動かすことができるかっこいいやりを使ったジョスト[*2]の準備ができました。安全は常に最優先されなければなりません、先のとがったもので作業するときは、安全眼鏡を着用してください。

訳注*2　中世に行われていた、馬上の騎士どうしで戦う一騎打ちの試合

カタパルトボールランチャー

プラスチック製のスプーンとサーボを使って、後ろに下げたスプーンからサーボでカタパルトのようにボールを打ち出すという、まったく異なるタイプのチャレンジができます。このボールランチャーは、障害物を倒したり、目標を撃ったり、カゴを狙ったりするのに使うことができます。

[部品]

- □ピンポン玉
- □プラスチックのスプーン
- □透明のアクリル板
- □M4×25ブラススタッド：4
- □9穴ブループレート
- □ステープルリムーバー[*3]
- □M4×14ねじとナット
- □RJ25アダプタ
- □L型直角ブラケット
- □10穴ビーム

訳注*3　日本では入手が難しいので、洗濯ばさみや目玉クリップなど代替するとよいでしょう。

図5-3に、必要なすべての材料を示します。

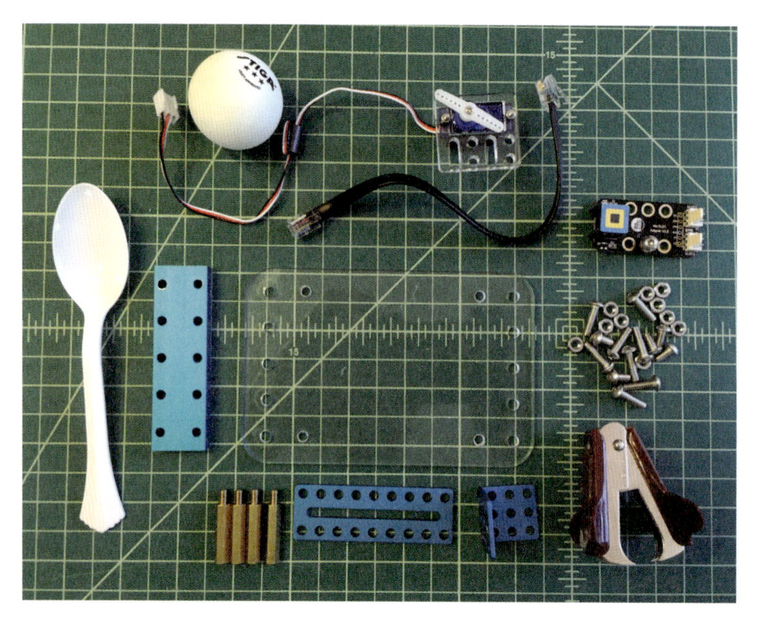

図5-3｜カタパルトボールランチャーに必要なものはすべてここにあります。

図5-3に示されている透明のアクリル板は、1章でmCoreのケースとしても使いました。ここでは、この台座をmCoreの上部に搭載してカタパルト機構をサポートし、電子機器を保持します。アクリル製台座のレーザーカット用型紙ファイルは、*https://www.airrocketworks.com/wp/fullscreen-video/instructions/make-mbots/*からダウンロードするか、PDFを実物大で印刷して型紙とし、好きな素材から切り出して作ることもできます。その他の重要な部品としては、硬いプラスチック製スプーンと一般的なステープルリムーバーがあります。

1. mCoreに固定されている4本のM4ねじを取り外し、4本のブラススタッドに取り替えてしっかりと締めます。

2. 次に、4つのM4ねじを使って、ブラススタッドの上部にアクリル製台座を取り付けます。

3. 以下の図のように、左から2番目と3番目の穴に9穴のブループレートを台座の後側に取り付けます。

4. 5章の「光る頭を振るパペット」(232ページ)の手順にしたがってServo Packに付属のアクリル製サーボホルダーにサーボを取り付けます。

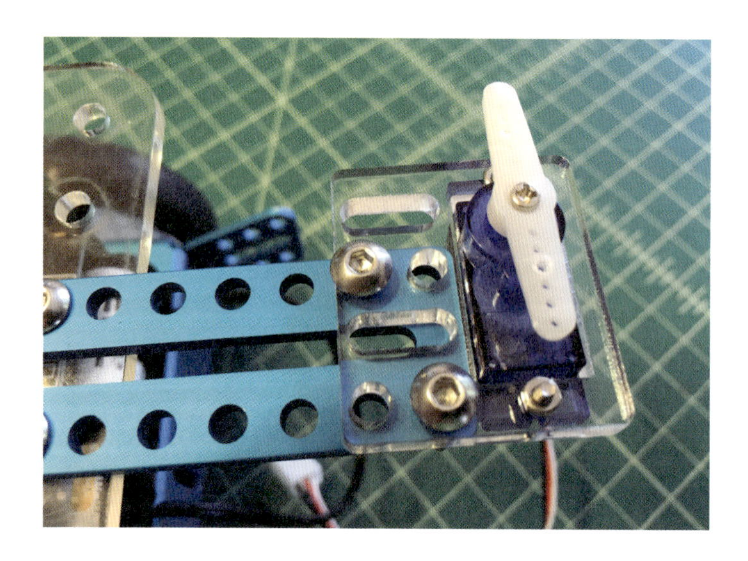

5. M4×14ねじを使って9穴のブループレートの背面に固定します。
6. 2本のM4ねじとナットを使って、RJ25アダプタをL型直角ブラケットにねじ止めします。

7. M4のねじとナットで、L型直角ブラケットを、右端の2つの穴を使ってアクリル製台座の後部に取り付けます。

8. 10穴ビームをマスキングテープで覆います。ここにステープルリムーバーをグルーガンで接着するのに、金属を保護するためです。覆われていない端に2つの穴が平行に残っていることを確認します。ここがアクリル板に取り付ける場所になります。マスキングテープを貼っておくと、作業がやりやすくなるでしょう。

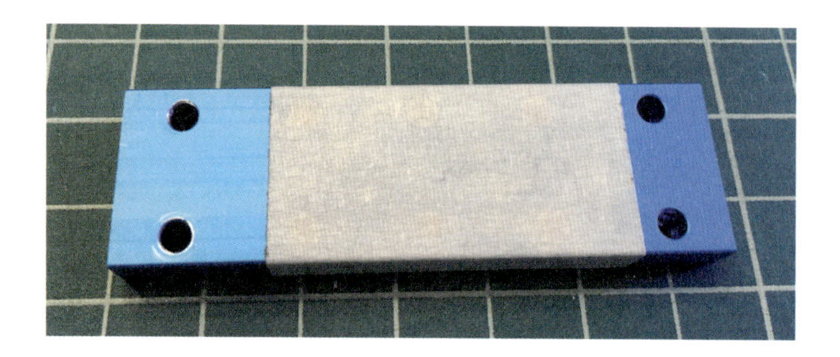

9. ステープルリムーバーの片側にたくさんのグルーを載せます。

10. 以下の図のように、ステープルリムーバーをマスキングテープの上に接着面を下にして均等に押し当て、プレートの端に揃えます。両端の穴が見えていることを確認して、M4ねじのための十分なスペースを確保します。

11. 以下の図のように、ステープルリムーバーを取り付けたプレートを2つのM4×14ねじとナットでアクリル板に取り付けます。

12. ステープルリムーバーの上にプラスチック製スプーンを合わせてみます。スプーンの取り付け位置は、サーボアームの中心からわずかにずれていなければなりません。サーボアームは、スプーンを確実に発射開始位置に保持できなければなりません。サーボアームが回転すると、スプーンのカタパルトアームが動きます。

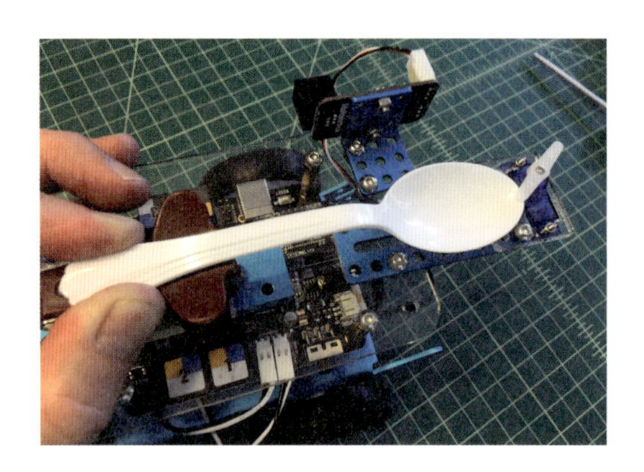

13. スプーンをどこに置けば良いかがわかれば(必要に応じて油性ペンで印を付けます)、ステープルリムーバーの上にグルーを付け、スプーンを20秒間押さえます。

14. RJ25アダプタにRJ25ケーブルを接続し、mCoreのポート3に接続します。

15. サーボをRJ25アダプタのスロット2に接続します。Servo Packに付属しているサーボの良いところは、一方向にしか取り付けられないため、常に正しく接続できることです。一般的なサーボを使っている場合は、3章の「プロジェクト：9gサーボとRJ25アダプタを使ってランダムに頭を動かす」の指示にしたがってください。
16. こちらはスプーンのカタパルトを動かした状態の完成品の外観です。スプーンを戻し、サーボアームを回転させて固定します。ピンポン玉をスプーンに置き、いつでも発射準備完了です！

17. 以下の図に示すコードを作成します。このコードは本当にシンプルで、スペースバーが引き金になります。

▲ mBotのコード

▲ スプライトのコード

18. 次に、コードをテストして引き金が動作することを確認します。引き金を正しく動作させるには、コードを修正するか、サーボの位置を中央に合わせる必要があります（センタリングの方向については、211ページの「サーボで振り下ろすヤリ」の手順5を参照）。さぁ、攻撃目標や、目標を攻撃する課題を作ってみましょう！

前面に9gサーボで作ったロボットアームを装着する

　このプロジェクトでは、mBotの前面に9gサーボで動く3Dプリンターで作ったカッコいいロボットアームを追加します。あなたのPCで制御されるロボットアームを追加することで、あらゆる種類の課題を設定したり、土俵の周りや障害物コースでモノを動かして他のmBotと対決させることもできます。

› ロボットアームのプリントと組み立て

このかっこよくてシンプルなロボットの爪を考え、Thingiverse*4 に投稿してくれたJon Keplerに感謝します。デザインデータは、*https://www.thingiverse.com/thing:18339*からダウンロードしてプリントできます（プリントには時間がかかります）。

［部品］

- □ 3Dプリンターで作った部品（前の段落で説明したもの）
- □ 9g マイクロサーボ
- □ 3 × 8mm マシンボルトとナット
- □ 結束バンド

3Dプリンターで作った部品に加えて、マイクロサーボ（9g）が必要です。以下の図に示されているものは金属製ギアを使っていますが、やや高価です。サーボと連動するサーボリンケージアーム、3×8mmのマシンボルト、3mmのナットが必要です。すべてのパーツをプリントしたら、準備完了です！

訳注*4　3Dのデザインデータを共有するためのウェブサイト

1. 3Dプリントされたサーボボックスをひっくり返して、3mmのナットを六角形のくぼみに押し込みます。

2. ニッパーなどで、サーボアームからアームを切断し、サンドペーパーで切り口を滑らかにします。

3. 9gサーボの上にサーボボックスを置き、サーボシャフトをサーボボックスの開口部の上に置きます。

4. 右のハサミを付属のねじでサーボのシャフトに取り付けます。ステップ2で切断したサーボアームをスペーサーとして使ってください。
5. 左のハサミを、ギアをかみ合わせるようにして右のハサミのとなりに配置します。

6. ナットに3mmのねじを押し込み、ハサミを動かせるようにしっかりと締め付けます。それらは掴むように動く必要があります。

サーボアームの原理は非常に簡単です。一方のアームはサーボのシャフトに直接接続されています。もう一方のアームは、1つ目のアームに歯車によって連結されています。サーボシャフトが回転すると、1つ目のアームが回転し、ギアによって、2つ目のアームを反対方向に移動することで2つのアームを合わせます。mBotに取り付けたら、サーボを調整してからアームを調整する必要があります。

› mBotにロボットアームを取り付ける

次に、ロボットアームをmBotに取り付けるためのブラケットを作成します。

［部品］

- □ L型直角ブラケット
- □ 9穴ブループレート
- □ M4ボルトとナット：6
- □ 結束バンド：2

1. Servo Packに同梱されているアルミ製L型直角ブラケットを、M4ねじとナットを使ってmBotの骨組みのフロントブラケットにねじ止めします。

2. 以下の図のように、9穴のブループレートをL型直角ブラケットにねじ止めします。

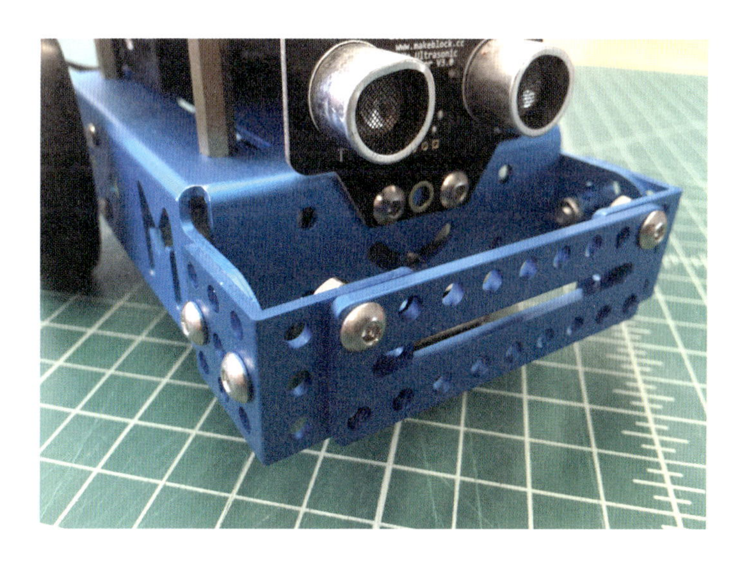

3. フロントブラケットにロボットアームを取り付け、ケーブルバンドでしっかり固定します。

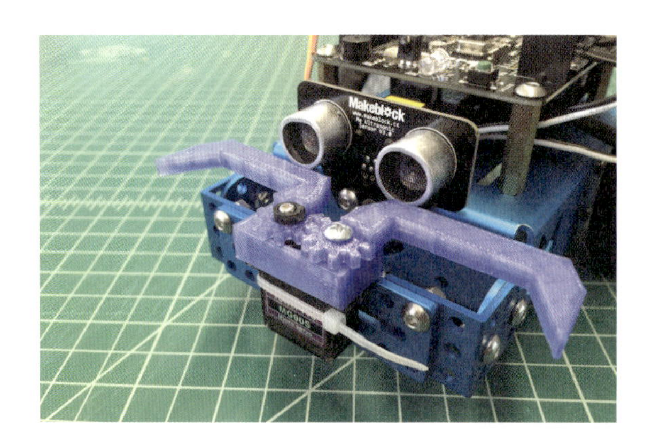

4. RJ25アダプタを使ってサーボをmCoreのポート1に接続します。私は、M4ねじとナットを使ってmBotの背面にRJ25アダプタを取り付けました。結束バンドまたはツイストタイを使ってワイヤーを整えます。

こちらが、ロボットアームが発ぽう断熱材を掴んだ状態です。

左右キーを使ってmBotを制御します。スペースバーを使ってアームの爪を開閉します。

```
前に動かす ▼ を受け取ったとき
前 ▼ 向きに (速さ) %の速さで動かす

MoveServo ▼ を受け取ったとき
サーボ ポート1 ▼ の スロット1 ▼ の角度を (Angle) にする

後ろに動かす ▼ を受け取ったとき
後 ▼ 向きに (速さ) %の速さで動かす

右に動かす ▼ を受け取ったとき
右 ▼ 向きに (速さ) %の速さで動かす

左に動かす ▼ を受け取ったとき
左 ▼ 向きに (速さ) %の速さで動かす
```

▲ mBotのコード

```
上向き矢印 ▼ キーが押されたとき
速さ ▼ を 100 にする
前に動かす ▼ を送る
<上向き矢印 ▼ キーが押された> ではない まで待つ
速さ ▼ を 0 にする
前に動かす ▼ を送る

右向き矢印 ▼ キーが押されたとき
速さ ▼ を 100 にする
右に動かす ▼ を送る
<右向き矢印 ▼ キーが押された> ではない まで待つ
速さ ▼ を 0 にする
右に動かす ▼ を送る

下向き矢印 ▼ キーが押されたとき
速さ ▼ を 100 にする
後ろに動かす ▼ を送る
<下向き矢印 ▼ キーが押された> ではない まで待つ
速さ ▼ を 0 にする
後ろに動かす ▼ を送る

左向き矢印 ▼ キーが押されたとき
速さ ▼ を 255 にする
左に動かす ▼ を送る
<左向き矢印 ▼ キーが押された> ではない まで待つ
速さ ▼ を 0 にする
左に動かす ▼ を送る

スペース ▼ キーが押されたとき
Angle ▼ を 45 にする
MoveServo ▼ を送る
<スペース ▼ キーが押された> ではない まで待つ
Angle ▼ を 135 にする
MoveServo ▼ を送る
```

▲ スプライトのコード

光る頭を振るパペット

このプロジェクトは、以下のものを含むServo Packを使用します(図5-4にも示されています)。

［部品］

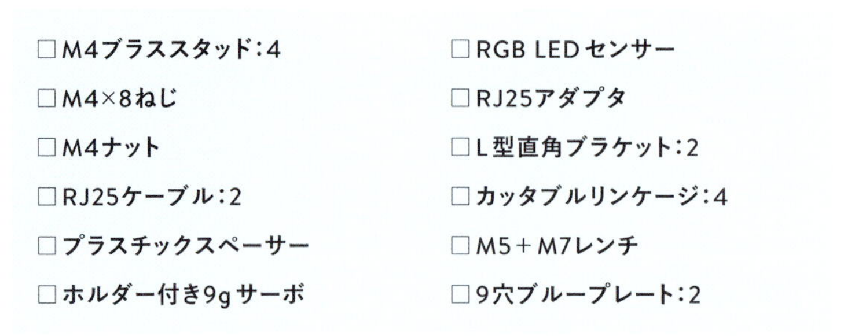

- □M4ブラススタッド：4
- □M4×8ねじ
- □M4ナット
- □RJ25ケーブル：2
- □プラスチックスペーサー
- □ホルダー付き9gサーボ
- □RGB LEDセンサー
- □RJ25アダプタ
- □L型直角ブラケット：2
- □カッタブルリンケージ：4
- □M5＋M7レンチ
- □9穴ブループレート：2

Servo Packを使用すると、踊る猫、頭を振っている猫、または光る猫を作ることができます。このプロジェクトでは、光る機能と頭を振る機能を組み合わせて、サーボを使って前後に移動できる「光る頭」を備えたロボットを製作します。

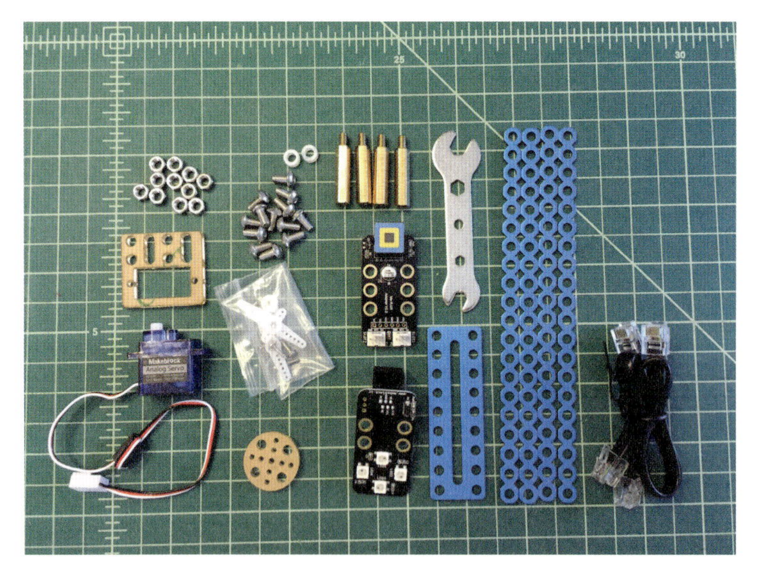

図5-4｜Servo Packの内容物

1. mCoreの上部後側に9穴ブループレートを取り付けます。
2. 「サーボで振り下ろすヤリ」の手順5で説明しているように、RJ25アダプタを取り付け、サーボの中心を合わせます。

3. サーボを接続して中央を合わせたら、サーボに付属の2つのセルフタッピングねじでL型直角ブラケットをサーボアームに取り付けます。

4. 次の図のように、LEDセンサーを2個のM4×8ねじとナットでL型直角ブラケットに取り付けます。センサーがサーボ上で自由に回転できるように、L型直角ブラケットの上の穴とLEDセンサーの下の穴で取り付けられていることを確認します。

5. RJ25ケーブルをセンサーに差し込みます。ケーブルが上から出るようにします。

6. RJ25ケーブルのもう一方の端をmCoreのポート3に接続します。

7. もう一本のRJ25ケーブルをポート4に接続し、もう一方の端をmCoreの背面に取り付けられたRJ25アダプタに差し込みます。

8. 以下のコードを作成してください。これにより、LEDが点滅し、AとDキーを使ってライトを左右に動かし、Sで中央に戻すように制御されます。

▲ mBotのコード

▲ スプライトのコード

光を追いかけるロボット

次のプロジェクトでは、アドオンパック「Interactive Light & Sound」を使用します。2つの光センサーを使って懐中電灯の光を追いかけるボットを作成します。アドオンパックのInteractive Light & Soundには次のものが含まれています。

[部品]

- □ M4ナットとプラスチックスペーサー
- □ M4×8、M4×14、M4×22ねじ
- □ 光センサー：2
- □ RGBセンサー：1
- □ サウンドセンサー：1
- □ RJ25ケーブル：2
- □ 45°メタルプレート
- □ 10穴ビーム：2
- □ 5穴ビーム：2
- □ M5＋M7レンチ

このプロジェクトでは、ビームと2つの光センサーを使って光を追いかけるロボットを製作します。

1. 骨組み前面の両側に、5穴ビームを2つのM4×14ねじとナットで取り付けます。

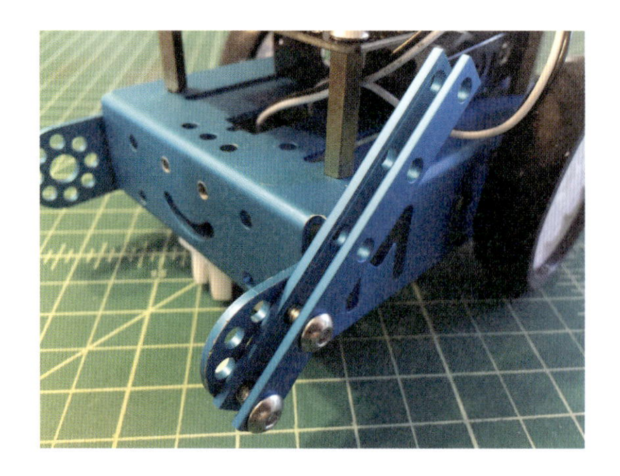

2. コの字の溝はねじ切りされていますので、2つのM4×8ねじを使って光センサーをにねじ止めできます。

以下の図は、2つの光センサーが前面に取り付けられている状態を示しています。

3. RJ25ジャックは外向きにしてください。mBotの後側から見て、右側の光センサーをポート4に、左側の光センサーをポート3に、それぞれRJ25ケーブルで接続します。
4. 以下の図のコードを作成し、mBotにアップロードします。

```
mBot(mcore) が起動したとき
ずっと
  もし 光センサー ポート3▼ の値 > 光センサー ポート4▼ の値 なら
    左のタイヤを 40 %の速さ、右のタイヤを 80 %の速さで動かす
  もし 光センサー ポート4▼ の値 > 光センサー ポート3▼ の値 なら
    左のタイヤを 80 %の速さ、右のタイヤを 40 %の速さで動かす
```

光がどんな方向を向くかにかかわらず、懐中電灯の光をmBotが追いかけます。

標準センサーを使った迷路脱出ロボット

Josh ElijahのMakezine.comの記事「Beginner Robotics:Understanding How Simple Sensors Work」[*5]では、真のロボットの特徴をよく説明しています。「ロボットを本当にロボットとみなすには、その環境を感知して動くことができなければなりません。」この記事では、ロボットの制御をSense, Think, Act（感知し、判断して動く）と呼んでいます。要するに、これはセンサーが環境を感知し、マイクロコントローラーが考える（何をすべきかについての決定を下す）ことを意味し、それが実際に動作するのです（決定したことを実行する）。

スペインのDani Sanz（*https://juegosrobotica.es/*）が考案した素晴らしい次のプロジェクトは、ロボット制御の特徴を非常によく表しています。彼のウェブサイトはGoogleを使って翻訳可能です。ここでmBlockコードを翻訳しました。Daniのプロジェクトは、mBotプラットフォームの世界への広がりを示しています。

mBotキットに付属のライントレースセンサーと距離センサーは、この迷路脱出設計に必要な唯一のセンサーです。この場合、これらのセンサーは迷路である環境を感知します。mCoreは何をすべきかを考え、決定を下します。

このフィードバックループは、mBotが迷路をスタートしてゴールするまで連続して動作します。Servo Packには、2つのL型直角ブラケット、2つのプレート、およびM4ねじとナットが多数付属しています。

1. L型直角ブラケットを使って、ライントレースセンサーを水平ではなく垂直に取り付けます。1本のM4ねじとナットでL型直角ブラケットを所定の位置に保持し、2本のM4ねじとナットでライントレースセンサーを固定します。

訳注*5　*https://makezine.com/2017/01/06/choose-use-sensors-robot/*

2. 2本のM4ねじで、9穴ブループレートをmBotの前面右側に垂直に取り付けます。次に、L型直角ブラケットを以下の画像のようにプレートの外に向けて取り付けます。そして、距離センサーを上下逆さまにしてmBotの右側にあるL型直角ブラケットの下側に取り付けます。超音波センサーをmCoreのポート3に差し込みます。

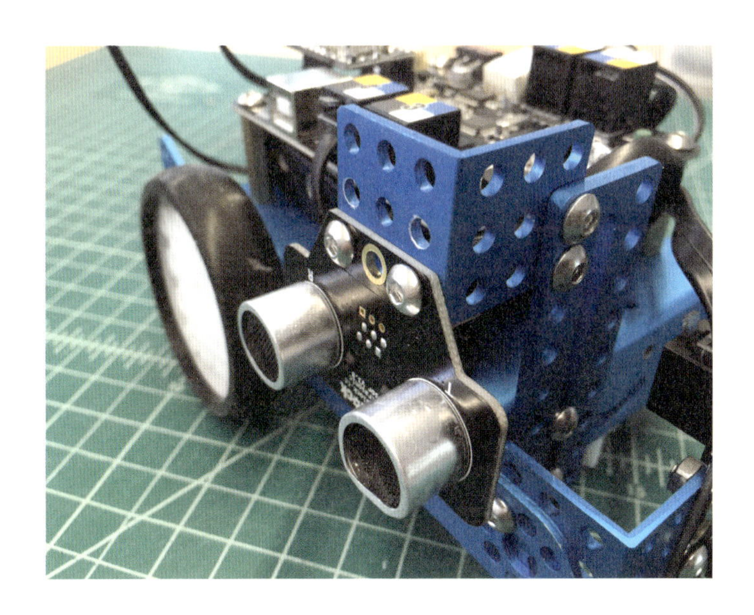

3. mBlockで以下のコードを作成してください。

```
mBot(mcore) が起動したとき
ボード上のボタンが 押された ▾ まで待つ
ボード上のボタンが 離された ▾ まで待つ
ずっと
    right ▾ を 35 にする
    left ▾ を 35 にする
    左のタイヤを left %の速さ、右のタイヤを right %の速さで動かす
    0 < ライントレースセンサー ポート2 ▾ の値 まで繰り返す
        distance ▾ を 超音波センサー ポート3 ▾ の距離 にする
        もし distance < 5 なら
            right ▾ を 30 にする
            left ▾ を 60 にする
        もし 5 < distance かつ distance < 6 なら
            right ▾ を 60 にする
            left ▾ を 30 にする
        もし 6 < distance かつ distance < 8 なら
            right ▾ を 70 にする
            left ▾ を 30 にする
        もし 9 < distance なら
            right ▾ を 80 にする
            left ▾ を 50 にする
            ボード上の 左 ▾ のLEDを赤 20 緑 0 青 0 で点灯する
            ボード上の 右 ▾ のLEDを赤 0 緑 255 青 0 で点灯する
        左のタイヤを left %の速さ、右のタイヤを right %の速さで動かす
    後向きに 40 %の速さで 0.1 秒動かす
    ボード上の 左 ▾ のLEDを赤 0 緑 0 青 255 で点灯する
    ボード上の 右 ▾ のLEDを赤 20 緑 0 青 0 で点灯する
    左向きに 45 %の速さで 0.8 秒動かす
```

以下の図は、このプログラムで使用している変数を示しています。

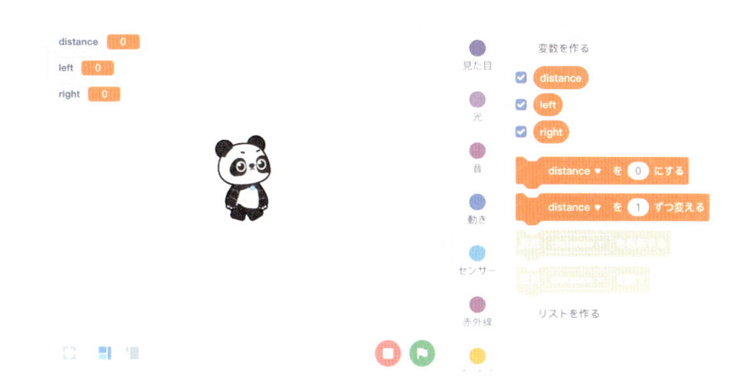

5. 最後に、迷路を作ってください！ 以下の画像に示されている迷路は、床に置かれた発砲スチロールでできています。

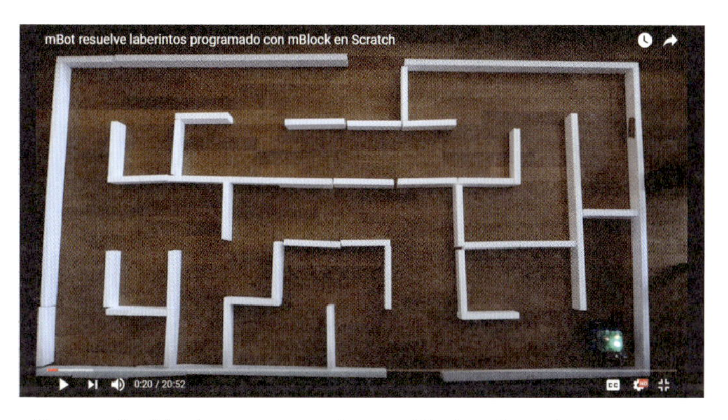

mBot resuelve laberintos programado con mBlock en Scratch
(*https://www.youtube.com/watch?v=QHKyJhc4-CI*)

段ボール、発泡スチロール、またはあなたの周りにあるもので迷路を作ることができます。シンプルな迷路で始め、壁を追加してさらに複雑にしてください。すべてが正しく機能している場合、mBotは決して迷路の壁に触れることはないので、迷路の壁を床に固定する必要はありません。子供たちは、mBotを使って脱出するためにお互いに迷路を作ることに熱中するでしょう!

この章では、アドオンパックのようにMakeblockが提供するアイテムの多くを見てきましたが、次の章では、mCoreとポンプ、モーター、LEDなどの市販の材料をどのように使用するかについて詳しく説明します。6章「大きなものと小さなものを作ろう」では、DCモーターの動作を詳しく掘り下げ、さまざまなプロジェクトで多くの子供たちが使用できる方法で標準DCモーターをどのようにmCoreに接続するかについて紹介します。

6

大きなものと小さなものを作ろう

この章では、おもちゃの家作りを通してmBotのフレキシビリティを探っていきます。「スマートな」環境の一部であるシンプルなデザインで複雑な機能の設計について、小さなもので説明します。しかし、mCoreプラットフォームの適用能力は、巧みなアイデアをドールハウスから現実世界へ完全にスケールアップさせることが可能です。小さなものでは、水、小さなLEDおよびサーボを使って、それらがどのようにして水族館のポンプ、家庭用の照明、ファンのように機能させられるかをお見せします。

私たちは、いくつかのデバイスを制御するためにmCoreを使用します。これらの装置は、電気的にはほとんど二極モーターであり、磁石と銅のコイルのセットになっています。これらの部品が生み出す回転力を使って、水や空気に力を加えたり、車輪やプロペラを回転させたりできるのです。

6-1 DC電源をつなぐ

ブラシ付きモーターは、回転軸に取り付けられた銅線コイルに電流を送り、ブラシレスモーターはコイルを固定シリンダに取り付け、磁石で覆われた回転軸を回します。用途によって構造と大きさが異なる場合がありますが、大切なのはシンプルなDCモーターで駆動されるものは2本の線で接続されているだけだということです。電流がモーター回路を流れて回転を発生させます。ほとんどのDCモーターは非極性です。つまり、電流の方向に応じてどちらの方向にも回転します。しかし、DCモーターがファンやポンプなどのより大きな機械に組み込まれている場合、決まった極性を必要とする形となっています。

5章「いろいろなロボットを作ろう」で使用されている小型の9gサーボのように、サーボモーターはギアードDCモーターとモーターの位置を調べるためのエンコーダを組み合わせたものです。LEGO EV3やNXTのモーターも同じです。いずれの場合も、エンコーダには、マイクロコントローラーに位置を伝えるための追加の信号線が必要です。もし360°連続的に回転するサーボを使って、DCモーター配線（つまり電源のみ）を接続する場合は、一般的なDCモーターとして使うことができます。

ステッピングモーターは、シャフトを押して小さな角度の回転（つまりステップ）を発生させる複数組のコイルからなっています。これらは通常、ステッピングモータードライバーICの仕様に沿って各コイルを正確な順序で動かして滑らかに回転させるため、より複雑な制御を必要とします。ステッピングモーターは、3Dプリンターとレーザーカッターの主要部品です。Makeblockはステッピングモーターと Meステッピングドライバーを販売していますが、これらはMakeblockの大きなボードであるMe OrionとMe Arguiaで動作するように設計されたものです。

DCモーターは、モーター本体に表示された公称定格電圧によって分類されます。

5Vモーターは3V～9Vの間でどこでも回転できますが、5Vで最も効率的に動作します。モーターが無負荷の状態[*1]で回転すると、最小の電流が消費されます。モーターの負荷が大きくなると、より多くの電流を必要とします。モーターがそれ以上回転できない負荷状態になったとき、失速点(ピーク)に達します。失速点にモーターを長時間置いておくと、モーター制御用の電子回路と一緒に焼き切れてしまいます。mCoreの設計には、モーターやマイクロコントローラーの損傷を避けるために、回路ブレーカとなる小さな自己リセットヒューズが組み込まれています。mCoreに接続された回路のいずれかに約1A以上の電流が流れるとヒューズは過熱し、トリップして[*2]基板全体の電力供給を停止します。数分後、ヒューズが冷却されるとmCoreに正常に電源供給されるようになります。この何もできない数分の間にモーターに過大な負荷をかけた原因を調べ、修正しましょう。

2本の電線でモーターを接続する(2極モーター)

mCoreは、理論的にはM1またはM2に接続できる低電力のDCモーターを使うものなら何でも制御できます。しかし、実際にはやっかいな問題もあります。特にあなたが子供たちと一緒に作業しているとき、特殊なケーブルにパッチを当てる作業はとても時間を浪費します。一般的には、「手っ取り早い」やり方ほど、あとで修理に費やす時間が増えます。

一般的なArduinoと比較したmCoreの強みの1つは、ハンダ付けや厄介なブレッドボードの配線作業を大幅に削減できることです。ブレッドボードが定番の試作ツールだったとしても、子供たちの使用には耐えられません。私たちのMakerspaceでは、プロジェクトは毎日保管箱を出入りし、ときにはフロアに落とされます。そのボードを他の用途に使わないなら、ワイヤーをmCoreに直接ハンダ付けすることで、より安定した接続が可能になります。でも、それでは困りますね!

訳注*1　モーターにタイヤなどが付いていない状態
訳注*2　抵抗値が高くなること

mCoreのモーターポート用の最も安価なコネクタは、標準の0.1インチピッチピンヘッダーです。私たちはシンプルなスイッチを作るときは、この種の接続をRJ25ポートで使用しました。ヘッダーピンを積み重ねる時の長い脚は、ハンダ付け初心者にも簡単です。

1. ピンヘッダーを使用するには、2ピンを切り取り、DCモーターから出てくる2本のワイヤーの被覆を取り除きます。
2. 1本目のワイヤーの周りに小さな熱収縮チューブを入れ、次にその大きな直径のチューブを両方のワイヤーを取り囲むように取り付けます。

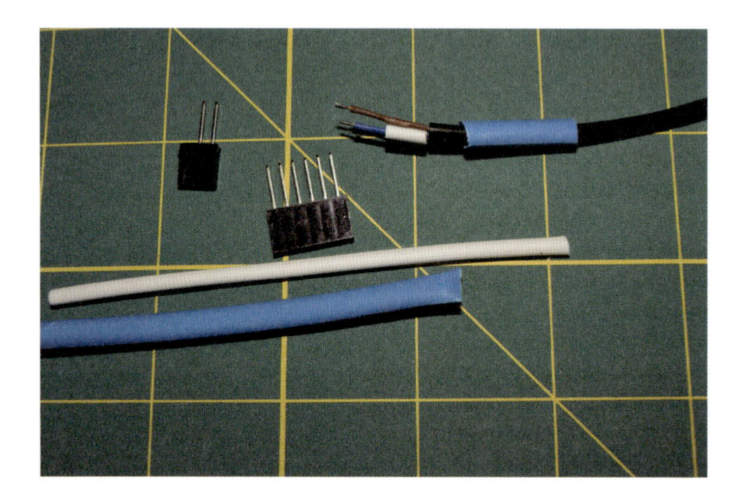

3. 1本目のワイヤーをピンヘッダーの脚にハンダ付けし、その上から小さな熱収縮チューブを取り付けます。
4. 次にもう1本のワイヤーを隣の脚にハンダ付けします。

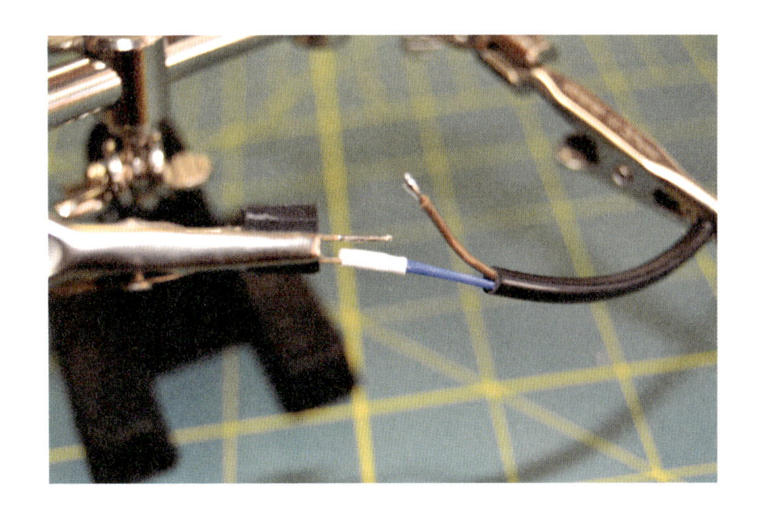

5. より大きな熱収縮チューブを使って、ピンヘッダーの黒いプラスチックの部分を熱収縮チューブの中に入れます。

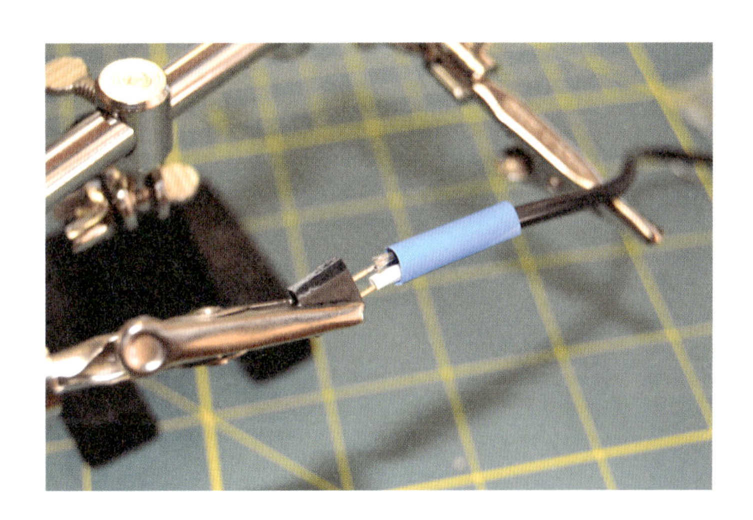

6. JSTコネクタには、プラグが一方向にだけ挿入できるようにするためのプラスチック製のレールが付いています。ほとんどのDCモーターはいずれの方向にも回転しますので、うっかり「間違った方向」に差し込んでも壊れることはありません。しかし、ヘッダーピンの側面に、mCoreの向きに合わせて+と−のピンに印を付けておき

ましょう。黒いプラスチックにはほとんどのマーカーが使えませんが、マニキュアを使えば見やすく耐久性もあります。

ピンヘッダーへのハンダ付け作業は、モーターが少なければ問題にはなりませんが、数が増えてくると頭痛の種になります。初めのうちは接続部分が固いかもしれませんが、繰り返しているうちに解消されます。一度に複数のコネクタを作る場合は、圧着工具とJSTコネクタ（もしくはJST端子）を使用するほうがはるかに速くできます。

JST端子またはピンヘッダーをDCモーターに付けると、mCoreのモーターピンに接続できます。あなたがmCoreだけを使っているなら、他のことを気にする必要はありません。しかし、Makeblockは、現在の製品間の接続性に違いがあります。Makeblock Rangerロボットキットは2ピンJSTコネクタではなく、外部DCモーターボードにもっと大きな2線コネクタを使用しています。Makerspaceでは、最もよく使われているMakeblock製ではないモーターがLEGO NXTとEV3モーターです。LEGOコンポーネントの恐ろしいほどのコストと、いつかはプラグ交換しなければならないという恐怖が私の同僚Gary Donahueを駆り立て、よりフレキシブルな接続システムを発明しました。

Garyのケーブルの両端には、一方にブレッドボード用のピン、もう一方にねじ端子コネクタが付いています。これらを作るのに、まずブレッドボード用のピンがハンダ付けされたJSTプラグ（mCoreに接続する側）を備えたたくさんの豚のしっぽ[*3]を作ることから始めます。

次に、中継ケーブルのソケット端子をデバイスのケーブルに接続します。これはねじ端子での接続なので、ハンダ付けが不要でモーター側を変更することもありません。Garyの中継ケーブルを作るには、大量の豚のしっぽコネクタをハンダ付けする必要があるため時間がかかりますが、新しいDCデバイスをねじ端子に接続するのにほんの数分しかかかりません。

訳注*3　短いケーブルが豚のしっぽのように見えるため。

Garyの中継ケーブルの魅力は、想定外のパーツ再利用能力にあります。子供が古いおもちゃから見つけだしたDCモーターを再利用したいとき、Garyのシステムは、ねじ端子を追加することで子供たちが「ケーブルを作る」ことを可能にし、数分でmBotに接続できるようになります。これらのコネクタは、Makerspaceの多くのケーブル関連の問題を無くし、子供たちは驚くようなmBotの新しい使い方を発想できるようになります。

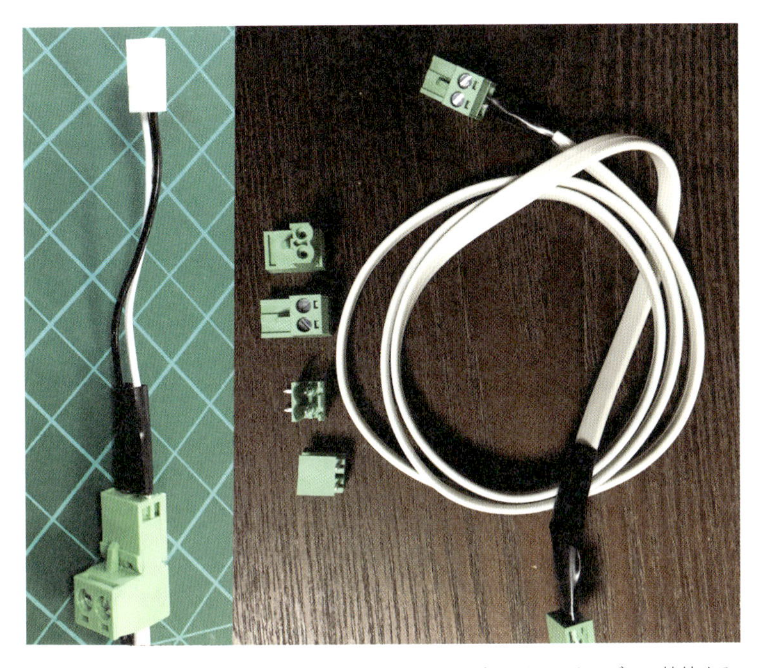

図6-1 | mBotモーターのピンを共通コネクタと長いロングパートナーケーブルに接続する、短い豚のしっぽ

この章の「小さいもの」プロジェクトでは、ファン、モーター、ポンプを好きな方法で接続できます。しかし、2〜3つのプロジェクトを作ろうとするなら、Garyのように、いくつかの中継ケーブルに時間を投資してください。

6-2 小さなものを作ろう

この章では「おもちゃの家」という言葉を使用していますが、教室ではこの言葉を使わないようにしています、なぜなら子供たちが観客に見えてしまうからです。Makerspaceでは、いくつかのプロジェクトの規模に合わせてさまざまなフィギュアを使用します。子供たちが完全な環境を作り上げると、LEGOのミニフィグやプレイモービルのフィギュアのような小さなフィギュアを探します。衣服や家具をデザインするとき、IKEAのGESTALTAデッサン人形（高さ約30cmで自由にポーズを作ることができます）がとても重宝します。

図6-2 | 教室では、これらのデッサン人形のために作っているものや、または他の作例をスケールプロトタイプとして参考にしています。これはChris Willayerが丁寧に作ったイメージです。

決まった大きさで作業することで、素材を探すために時間を失うことなく、アイデアスケッチからプロトタイプ製作に素早く移行できます。既存のモデルで作業することで、ミニチュアの大きさを決める作業の時間を減らし、試行錯誤の時間を長くとることができます。

レスポンシブ[*4]な環境のプロジェクトに一番良い人間のモデルがおなじみのLEGOのミニフィグであることを発見しました。この方法では、靴の箱を横に立てれば部屋にすることができ、LEGOブロックは家具として使うことができ［図6-3参照］、クリアテープは良い建築材料になります。

小さなものを作ることで、「バッドアイデア」を試すためのコスト（時間と材料の点で）が削減されるので、子供達はこれらを作るうえでの間違いから多くのものを学べます。ミニチュアは詳細で正確な計画性（子供達は苦労もしますが、その重要性に気付いていることもあります）の必要度を下げます。計画に長い時間を費やすのではなく、簡単なスケッチからまずプロトタイプを作ることができます。計画の作成とスケッチのスキルを習得するために、完成したプロトタイプのスケッチを注意深く描き、次の製作のためにそのスケッチを改良するよう指導しています。2つの小さなステップ、計画、そして分析、Makerの考え方を真似ることは、現在の作品を常に理想に近いものにします。

図6-3｜ちょっとしたLEGOの作品は靴の箱をキッチンに変身させます。シンクの中の洗いものがいい味を出しています。

訳注＊4　大きさの変化に柔軟に対応する。

小さなもの——防火システム

ここまでのをことを心にとめて、私たちはmBotを使っておもちゃの家の防火システムを製作します。私たちがなぜそう呼ぶかというと、物語の文脈がなければ、段ボール箱を通った水を汲み出すシリコンチューブだけでは、意味がわからないからです。20分の作業で(厄介な作業かもしれませんが)同じハードウェアを実際の集合住宅用の防火システムに変えることができます。私たちは、このプロジェクトをタンクの間で水を動かすという抽象的な課題ではなく、防火システムとして組み立てることによって、すべての子供の想像力とさまざまなものづくりの技術を活かします。この枠組みの中では、靴の箱で作った家の簡単な装飾にさえ、ミニチュアを洗練させるアイデアが必要です。

このプロトタイプの達成条件は、ストーブの火を消さなければならないということです。これにより、システムの機能の部分に製作者の作業を集中させることができます。プロトタイプとしては「あらゆるところへ水をまく」防火システムと大きな違いはありませんが、このレベルの仕様を加えることで、子供たちは現実世界の経験を活かすことができ、段ボールでの試作を繰り返すたびに理解が進みます。

どのような規模でも、火を扱う作業にはリスクが伴います。小さな靴の箱で作った家では、たとえ1つのろうそくでも、放置すると本当に危険な火災につながる可能性があります。教室では、常にろうそくの数を制限する必要があります。40よりも4つの火を管理するほうがはるかに簡単です。このプロジェクトでは、火をつけてからすぐにろうそくを水に入れるのが一番のポイントですが、それまでは火を必要とすることはあまりありません。ろうそくとともに、広帯域赤外線LEDを使ってポンプシステムをテストする方法を説明します。

DCウォーターポンプにはいくつかの種類がありますが、このプロジェクトでは水中ポンプが最もうまくいっています。Makeblockは、図6-4の左に示すポンプを販売しています[*5]。これは公称12V定格で、

訳注*5　2019年7月現在、日本の正規代理店では販売されていません。

ギリギリmCoreの電力範囲内にあります。右の水中ポンプとは異なり、DCモーターとMakeblockのポンプの電気的な接続は水に濡れない状態に保つ必要があります。

図6-4 | Makeblockの12Vポンプは、mBotモーターポートでギリギリ動作し、水に濡れないようにする必要があります。黒い水中ポンプのほうがより良い選択です。

電力の問題に加えて、グループワークでは防水ではないポンプを使用するのは難しいと感じています。マイコンボード、ポンプの電気的接続部、および流れる水の間に適切な距離を保つには、それぞれに十分なスペースが必要です。

mCoreの5Vモーター電源の範囲内で動作するように設計された水中ポンプを見つける方が簡単です。「USB水中ポンプ」をネットで検索すると、このプロトタイプには大きすぎる大型の水槽用ポンプを除外できます。小型水中ポンプは、外部ポンプよりも静かで、流出用ホース1本しか必要としません。何よりも、ポンプとの電気的接続が濡れることを前提に設計されています。私たちは子供たちに、試作段階で使われるポンプ用の自給式タンクを作ることがよくありますが、それが次に製作するものです。タンクの部品を図6-5に示します。

この例ではガラス瓶を使用していますが、広口のプラスチック容器でも同様に作れます。まず、ふたに3つの穴を開けます。水が流れ込む穴は、プラスチック製のチューブがぴったり収まるような大きさにします［図6-6を参照］。電気接続用の穴は、プラグを収容するのに十分な大きさでなければなりません。

図6-5 | タンクの部品。ガラス瓶の代わりに広口のプラスチック容器でもOK。ふたには3つの穴を開けます。2つはチューブ用、もう1つは電源ケーブル用です。

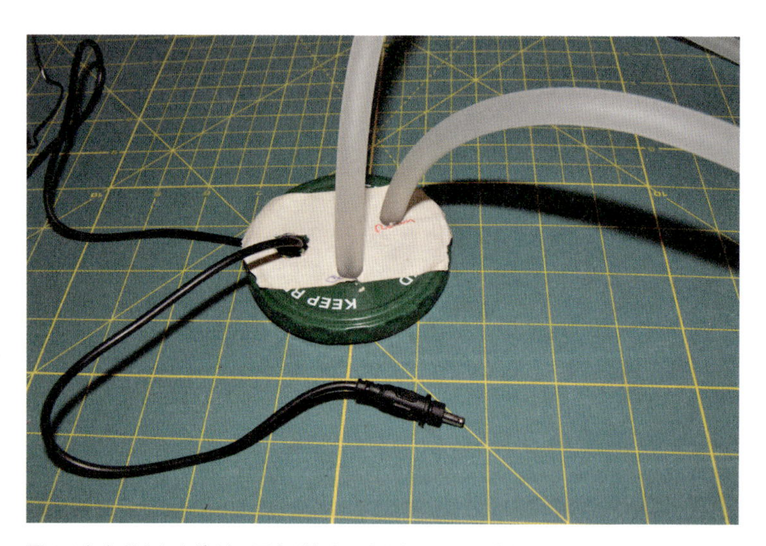

図6-6 | 穴が大きすぎると、圧力が加わったときにチューブがふたから飛び出すことがあります。

図6-7｜1本のチューブを水中ポンプの流出ノズルにつなぎ、戻りのチューブには何も付けません

1. チューブの1つをポンプの流出ノズルに接続します。戻りのチューブには何にも取り付ける必要はありません［図6-7を参照］。
2. ポンプをガラス瓶に入れて、電源ケーブルの余りを引き抜きます。金属製のふたを使用している場合は、ふたの穴の鋭利な部分でチューブを切ったり（ダメ！）や電源ケーブルを切ったり（もっとダメ！）しないように注意してください。

これで、ふたを閉めコネクタを出してタンクに水を入れることができます。この装置は防水ではありませんが、作業場所を水浸しにすることなくポンプとコネクタを移動させられます。ブルータック*6またはほかの成形可能な材料で、チューブが蓋を通るところを密封するとよいでしょう。完成したタンクを図6-8に示します。

訳注*6　ねん土のように自由に形の変わる粘着ラバー

ポンプと水源を固定した状態で、火炎センサーに注意を向けます。多くのMakeblock製品と同様に、Me炎センサーの機能のキモは、RJ25コネクタ付きの小型ボードに取り付けられた既製品であるということです。以下の画像では、下がRJ25プラグを備えたMe炎センサー、上がピン接続を備えた同様の部品を示しています。

図6-8 | チューブが取り付けられ、ポンプが底部に取り付けられたタンクの完成品。食紅を使うと、水が流れているとき遠くからでもわかるようになります。

一般的に炎センサーと呼ばれるのは、赤外線スペクトルの特定の波長、通常は760〜1110ナノメートルの間に調整された光センサーです。炎センサーは数値を取得するためのアナログセンサーと、火災の有無を通知するデジタルセンサーを組み合わせたものです。このデジタル値はボード上の青いLEDも点灯し、小型のポテンショメータによって設定された内部のしきい値によって制御されます［図6-9参照］。

私たちのモデルでは、キッチンの火の大きさを自由に調整できません。敏感すぎる煙感知器はキッチンで迷惑になるかもしれませんし、しきい値を低く設定したスプリンクラーを使用すると常に水浸しになり、キッチンはほとんど使えなくなります。このプロジェクトの肝は、物理的な配置とプログラミングによって炎センサーの感度を管理することです。

一般的に子供が火事に対応するのは危険ですが、このプロジェクトは経験を得ながらこれらのリスクを軽減する素晴らしい方法です。このモデルでは、キッチンの炎に小さなろうそくを使用しています。これは、炎センサーを動作させるのに十分な火を提供します。あまり近くに置くと、チューブを溶かしたり、段ボールの端を燃やしたり、紙くずを燃やすのに十分な熱があります。つけっ放しの炎を置いたままその場を離れないでください！

図6-9 | 小さなドライバーでポテンショメーターを調整して、炎センサーの感度を調整します。

火をつけたろうそくをおもちゃの家に出し入れすると、LEGOブロックと指をろうにつける危険にさらすことになります。普通に気を付けていれば、これらの問題が命や体を脅かすことはなく、プロトタイピングプロセスに有用な「現実的な注意事項」を与えてくれます。

赤外線LEDのスローイーを使って炎センサーの位置をテストすることで、このようなろうそく関連の事故を避けることも可能です。LED スローイーは教室やMakerspaceの定番です。3V CR2032ボタン電池をLEDの脚の間に挟み、小さなテープを貼れば、どこにでも貼れる小さなライトができます［図6-10, 11参照］。

それは最も単純な回路かもしれませんが、いたるところで子供たちを楽しませ魅了します。しかし、赤外光は人間の視覚の範囲外なので、光っていることを知るのは困難です。LEDの長いほうの脚をバッテリーの平らなプラス側に、短いほうの脚をくぼみのあるマイナス側に必ず置いてください。LEDに慣れていない人には、可視光LEDでもやってみるとよくわかります［図6-11を参照］。

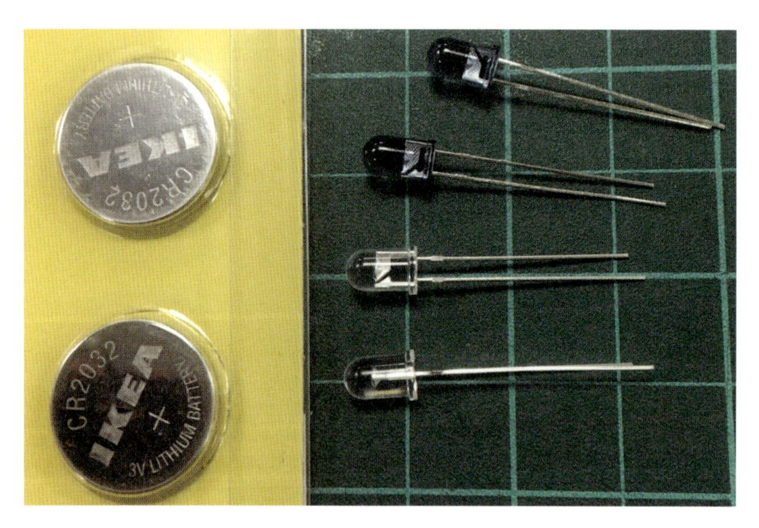

図6-10 ｜ 上の2つのLEDは、色のついたプラスチックを通して赤外光のみを発光します。透明の広帯域LED（下2つ）のほうが、このプロジェクトに適していますが、どちらでもうまくいきます。

図6-11 | 左側の広帯域赤外線LEDは、右側の赤色光と同じくらい多くの光を出しています。

携帯電話のカメラは、人の目よりも広範囲のスペクトルを捕捉するため、赤外線LEDをチェックする優れた方法として使われていました。現在、ほとんどのスマートフォンのメイン（裏側）カメラは、ソフトウェアフィルタを使用して赤外線ノイズを除去してしまいます。しかし、私たちにとってありがたいことに、その不思議な機能はまだ前面カメラには搭載されていません。

炎センサーは実際には赤外線センサーなので、これらのLEDは厚紙でできた家の炎に偽装するのは簡単でしょう。火炎センサーを設置するうえで気を付けることは、家の装飾と家具がセンサーとストーブの間を妨げる可能性があるかどうかを確認することです。これは単にセンサーを動かせばいいのですが、多くの子供たちは代わりにろうそくやストーブを動かすことを選択します。これは、手を熱いろうにつけたりといった怪我につながります。このステップで、火の代わりに赤外線LEDろうそくを使用すると、このプロジェクトのリスクが大幅に減少します［図6-12参照］。

図6-12 | 可視光の赤色LEDスローイーを、よりそれらしくろうそくの形に曲げているところ。

テスト用ろうそくの準備ができたら、ホースとスプリンクラーバルブをどこに配置するかを考えます。チューブが、家具に比べて大きすぎると感じたので、ダンボール箱の上に置きました。

1. 箱の外側のチューブの位置に印を付けます。

2. コンロの上を通るようにチューブを置き、小さな切り込みを屋根に入れます。それは、水が滴り落ちるのに必要な大きさであれば十分です。

3. テープで、開口部にチューブを取り付けます。
ダイヤルでしきい値を絞っても、炎センサーは、間に妨げがなければおもちゃの家の中の炎を見つけるでしょう。追加の課題として、センサーの本体を箱の外に隠し、赤外線センサーだけが中から見えるようにしてみてください。

センサーを設置したら、図6-13に示すコードを作成します。炎センサーは、アナログのアウトプットとデジタルのON/OFFの両方を備えています。mBlockは炎センサーからアナログ値のみを取得します。点灯しているろうそくを動かしたり、火のついたマッチを家の中と外で出し入れするときに、「と言う」ブロックを使ってセンサーの値を確認します。センサーから炎が見えるとき、数値は大きく下がります。Makeblock炎センサーを始めとするほとんどのセンサーには、センサーが炎を検知したときに点灯する小さなLEDがボード上にあります。この青い明かりに注意して、ろうそくを動かししきい値のダイヤルを調整しながらちょうど良い値を見つけてください。

```
が押されたとき
FlameThreshold ▾ を 1000 にする
TimeToSprinkler ▾ を 3 にする
ずっと
  TurnOffSprinkler
  FlameSensor ▾ を 火炎センサー ポート3 ▾ の値 にする
  もし FlameSensor > FlameThreshold なら
    タイマーをリセット
  でなければ
    PlayDrum ▾ を送る
    もし タイマー > TimeToSprinkler なら
      TurnOnSprinkler
      FlameSensor > FlameThreshold まで繰り返す
        FlameSensor ▾ を 火炎センサー ポート3 ▾ の値 にする
      TurnOffSprinkler
      タイマーをリセット

定義 TurnOffSprinkler
DCモーター モーター ポート1 ▾ の速さを 0 %で 時計回り ▾ にする

定義 TurnOnSprinkler
DCモーター モーター ポート1 ▾ の速さを 100 %で 時計回り ▾ にする
PlayDrum ▾ を送る
```

▲ mBotのコード

```
が押されたとき
ずっと
  もし FlameSensor > FlameThreshold なら
    FlameSensor と言う
  でなければ
    FlameSensor と ow! と言う

PlayDrum ▾ を受け取ったとき
(1) スネアドラム ▾ のドラムを 0.25 拍鳴らす
```

▲ スプライトのコード

図6-13 | このプログラムには、2章「mBotのソフトウェアとセンサー」の教室用音量メーターと共通の多くの要素があります。

私たちのテストでは、周囲の光で読み取ったときに炎センサーは1000以下となり、火を近づけたときに1000をすこし上回りました。必要に応じてしきい値を簡単に変更できるように、前述のプログラムでは、周囲の光で読みとったときの値をしきい値として利用しました。

炎が上がるたびキッチンが水浸しになるのを避けるために、このコードにはキッチンでどれぐらいの時間炎が上がっているかを繰り返しチェックする処理が入っています。大きなフランベ[*7]の瞬間がスプリンクラーの引き金になってはいけません。"TimeToSprinkler"変数は、スプリ

訳注*7　フライパンにお酒を入れて炎を出す調理方法

ンクラーの電源を入れるまでに待機する秒数です。

このプログラムは、カスタムブロックを使用してスプリンクラーのオンとオフを切り替えます。この動作は1つのコマンドブロックしか必要としないので、プログラムの長さを節約できません。しかし、メインプログラムを明確にし、スプリンクラーとmCoreの接続方法を変更した場合のフレキシビリティを提供します。

センサーの測定値が"FlameThreshold"値を下回ると、「もし…でなければ」ブロックの上側がループしてタイマーがゼロにリセットされます。ただし、センサー値が"FlameThreshold"値を超えると、「でなければ」の処理が実行され、タイマーはカウントアップします。タイマーが"TimeToSprinkler"値を超えると、ポンプがオンになり、"FlameSensor"値が"FlameThreshold"値を下回るまで動き続けます。

プログラム全体のプロセスを追跡するために、音を鳴らすブロックと「と言う」ブロックを使用しました。プログラムが入れ子になったループを使用するとき、任意のタイミングで何がチェックされているのか正確に把握するのは困難です。でなければ句が実行されるたびにドラム音が再生され、センサーが火災を検知していること、およびタイマーが動作していることの音による手がかりが得られます。"TurnOnSprinkler"ブロックに音による合図を追加することで、ポンプが始動するプログラムの信号とプロトタイプに水が流れるタイミングの時間のずれを確認できます。

これでシステムをテストする準備が整いました。水を出す前に、システムを閉じたループとしてテストします［図6-14を参照］。ポンプはタンクから水を吸い上げ、スプリンクラーシステムを動かして、ガラスびんに戻します。このテストは単体での動作を確認するうえで便利な方法です。子供たちには、工具でチューブに穴を開ける前に閉ループを実際に動かすように指示します。コードが完成したら、実際のスプリンクラーの動作をさせるためにチューブを取り付けます。

図6-14 | ここでは、本当の炎と密封されたチューブを使用して設定をテストしています。キッチンにろうそくを放置しないでください!

“FlameThreshold”と“TimeToSprinkler”の値を調整します。この例では、水の通り道全体に約30cmのチューブを使用しているため、ポンプの電源を入れてから1秒以内にキッチンに水が届きます。床の上の水の入った大きなバケツに手を伸ばさなければならないような、より長いホースを使ったシステムでは、すこし早めに水を上げ始めたほうが良いかもしれません。

すべてが整ったら、実際にスプリンクラーを設置しましょう。フェルトペンで、ホースのコンロの上を通る部分に小さな印を付けます。チューブを持ち上げて、そこから水を排出します。カッターナイフ、はさみ、またはペンチで、チューブに小さな切り込みを付けます[図6-15を参照]。チューブが一杯になると、圧力でこの隙間から水を排出するよう、この小さな開口部がうまく機能してくれます。小さな切り込みであれば、ホットグルーやビニールテープで簡単に修正できます。

図6-15 | たくさん切り込まなくても、水圧が小さな開口部から水を押し出します。

ホースの端をタンクに取り付けます。ホースのほとんどは空になっているはずなので、家の中に水が落ちることはありません。

さぁ、いよいよ本番です! mBlockプログラムを起動し、点灯したろうそくをコンロの上に置きます[図6-16参照]。

図6-16 | 成功です! スプリンクラーシステムからの水が、ストーブの火災を完全に消化しました。

この段ボールのキッチンはいつかは壊れてしまいますが、箱が壊れる前に、いくつかの調整を行って、もう一度システムをテストしましょう。スプリンクラーが動作する一番遠いセンサーの場所を確認しながら、炎の位置を試してください。小さな家の安全を保つための方法を探してください。

小さなもの――リビングルーム用の自動ファン

火災センサーのデモは、実際に即した小さなプロジェクトが、ごくわずかな部品で、繊細かつ複雑な建物をどのようにサポートできるかを示しています。複数のセンサーからの情報を組み合わせるプロジェクトへの関心を引き出し、促進させるためのもっとも良い方法でもあります。ミニチュア環境では監視や操作が簡単なので、日常生活の中の自動化をシミュレートできます。

このプロジェクトでは、気温がしきい値を超えたときにファンまたはエアコンを作動させるHVACシステム[*8]をモデル化します。ただし、部屋に人がいる場合だけです。部屋の製作から始めなければならないことを忘れないでください。電子機器を使い始めたら、部屋のデザインと装飾に子供たちの目を向けさせることはできません[図6-17参照]。

図6-17｜妖精たちとレゴの家具は、子供たちの創造性と熱意を育むのに大きな効果を発揮します。

訳注*8　暖房、冷房、換気などの総合的な空調システム

長年の教室での観察では、プロジェクトを始める前にテスト環境の飾り付けをすることが子供たちを刺激する一方で、実用的なプロトタイプのための「かわいい箱」を作ることに最も時間がかかるように感じます。

4章「センサーで身の回りを調べよう」のセンサーボットで使用したのと同じ温度センサーが使えます。このプロジェクトはデータ収集装置への自然なフォローアップとして役立ち、設計者たちの観察力を駆使して温度計をどこにどのように取り付けるべきかを考えさせます。ミニチュア環境では、壁にテープを貼ってもセンサーが見えなくなることはほとんどありません。ミニチュアに住む人たちの問題をイメージすることは、より深い思考を促すための強力なテクニックです。

すべての小型ファンはプラスチック製の羽根付きのDCモーターであるため、身の回りにある材料が使えます［図6-18に3つのタイプが示されています］。ダラーショップ*9では、単三電池2本を使用する手持ちファンがよく売られています。これらのファンは、mCoreのモーターポートにぴったり合います。Makeblockはこのようなファンを公式に販売していますが、mCoreと同じコネクタは使用していないのです。小型の電子機器には、テープで平らな面に簡単に取り付けることができる3Vまたは5Vの正方形のファンが入っています。littleBitsのfan Bitはこのタイプのひとつですが、littleBitsにすでに多く投資してるのでなければ、わざわざ高いものを買う必要はありません。

図6-18 | 左からダラーショップの手持ちファン、Makeblockの公式ファン(3つ目がコネクタです)、littleBitsのfan Bit

---

訳注*9　日本の100円均一にあたるお店

残念ながら、デスクトップPCからリサイクルできる最も一般的なファンは12Vで動作します。これらのファンは通常、mCoreの5V電源では動作しません。手元にこれらのファンを大量に持っているのであれば、この章の後半の「大きなものを作ろう」のセクションで紹介する高電圧電源技術を使ってmCoreの世界に導入してみる価値があります。

どのファンを選ぶにしても、小さな住人の邪魔にならないように注意して、ミニチュアの部屋に取り付けることが重要です。図6-19に示すように、正方形のファンを使用して「窓」に取り付けました。

図6-19 | 壁にPC用のファンと温度計が設置された、人の多い部屋

この時点で、温度がしきい値を超えたときにファンを動作させる簡単なプログラムを書いてみましょう［図6-20参照］。ファンをオンにするのに1ブロックしかかかりませんが、これらのコマンドをカスタムブロックで定義しておくことをお勧めします。

```
が押されたとき
TempThreshold ▼ を 25 にする
ずっと
  TempSensor ▼ を 温度センサー ポート3 ▼ の スロット1 ▼ の値 (℃) にする
  もし TempSensor > TempThreshold なら
    TurnOnFan
  でなければ
    TurnOffFan

定義 TurnOnFan
DCモーター モーター ポート1 ▼ の速さを 100 %で 時計回り ▼ にする

定義 TurnOffFan
DCモーター モーター ポート1 ▼ の速さを 0 %で 時計回り ▼ にする
```

▲ mBotのコード

```
が押されたとき
ずっと
  TempSensor と言う
```

▲ スプライトのコード

図6-20 ｜ これは2章のセンサープロジェクトを元に作ったチェックコードです。

温度をしきい値の上下にすばやく変化させるには、冷たいまたは温かい指をあてる必要があります。部屋に出入りする大きな手が、物語のイメージを壊さないようにしてください。この試行錯誤の繰り返しが、ソファでくつろいでいる小さな人たちを喜ばせたり、不快にさせるということに気付いてください。

必要最低限の空調ができたら、部屋に人がいるかどうかを判断する方法を考えます。4章でドアが開いているかどうかを判断した方法と同様に、この質問に答えるのに役立つ「唯一正しい」センサーはありません。すべてのプロジェクトではないにしても、人が部屋にいるかどうかを判断するために、どのセンサーを使うかを決めることは素晴らしいブレーンストーミングの機会になります。たくさんのセンサーの中から、ひとつを取り出して実現のための方法を考えてみてください!

この例では、パッシブ赤外線(PIR)モーションセンサーを使用しています。これが最も良いからではなく、バイナリ出力に関連する特定の課題を紹介するための方法であるからです。PIRセンサーは、特定の波長の光にあたると電気を発生する焦電材料を使用します。炎センサーとは異なり、PIRは赤外光レベルの値を検知しませんが、その光の値が大きく変化したときに応答します。

mBlockでは、PIRブロックが六角形なのは、センサーの値が常に0か1のどちらかであることを示します。PIRモーションセンサーブロックが0を出力するとき、それは直近の数ミリ秒で赤外線レベルが変化しなかったことを示します。赤外線レベルが短い時間の間に変化すると、センサーは1を出力します。0=変化なし、1=変化ありという定義をそのまま使うのは、ほとんどの場合で有効ですが、レアケースを考えておかなければなりません。ちらつくろうそくはPIRセンサーを混乱させ、動きを検出しますが、ヘビや他の爬虫類は検出されないまま忍び寄ってくる可能性があります。ぞっとしますね。それがヘビを恐れている別の理由かもしれません。

ほとんどの人はすでに、トイレでたくさんのPIR関連のフラストレーションに出会っています。自動シンク[*10]があなたの手の正しい位置を見つけることから、けちなペーパータオルディスペンサーまで、多くの公衆トイレはPIRセンサーでいっぱいです。このプロジェクトの1つの強みは、子供が毎日出会うのと同じ種類のロボットシステムを制御できることです。一般論として、人間は自宅のトイレの設備と同じくらい洗練されたものを作ることができるはずです。

PIRはアナログセンサーなので、プログラムで読み取った1回の値ではなく、時間をかけて値を調べなければなりません。短い時間内に「十分な」振れ幅として許容される量が、時間単位のしきい値になります。

訳注*10　トイレの水を自動で流すしくみ

ファンが作動するまでには、人々が実際に部屋を移動することを示すものとして、PIRセンサーの値が頻繁に変動するのを待つ必要があります。これはセンサー内部で実行される計算と同じですが、ミリ秒ではなく秒の単位で行います。PIRデータを使用して大きくて起動の遅いファンを動作させているので、数秒間にわたっていくつかの変化がないかどうかをチェックすることで、ファンが絶えずオン／オフを繰り返さないようにします。

一定期間の変化が見られたら、その部屋を使用中として変数に記録し、チェックの頻度を減らす必要があります。トイレの例のように、部屋の中で動き回る場合や、座って動かないような場合を考慮しなければなりません。私たちのプログラムは、小さな家の住人たちがか小さな腕を振らなくても[*11]、ソファでリラックスできるようにする必要があるのです。

1つの大きなプログラムにまとめる前に、図6-21に示す3つのサブセクションを別々にチェックして調整することが大切です。複雑なシステムをデバッグするときは、すべての個々のコンポーネントが確実に動作することを確認する必要があります。PIRセンサーを作動するのに必要な動きをテストします。温度センサーで「と言う」ループを実行し、ファンが実際に室温を下げるようにします。考えられるすべてのシナリオと、想像できるかぎり多くのイレギュラーケースをテストします。

ファン、PIRセンサー、および温度センサーが、これらすべてのテストで正しく動作した場合にのみ、3つ一緒の動作を確認できます。プログラムが多くの異なる入力を評価して比較するとき、それらの入力をチェックする順序とタイミングが大切です！

mBlockプログラムの複雑さが増すにつれて、目標は全体が正しく機能することであることを忘れないでください。個々のセンサーの値が正しいかどうかだけではなく、それがあなたの掲げた目標を実現しているかどうかに目を向けてください。ロボットとプログラムのテストは、順位付けするためのものではありません。

訳注＊11　センサーに認識させるため

プログラム全体にわたるテストでは、大規模なタスクを区分化するだけでなく、「ここで何が起こるべきか」という質問をきめ細かいレベルで検討する必要があります。この考え方は、あなたがなじみのないプログラムを初めて読んでいるときにも役立ちます。これは、Makerspaceとコンピューターサイエンスの教師が日常的にしていることです。最初にごく一部を検討し、各ステップで何が行われるべきかを検討することがとても役に立ちます。

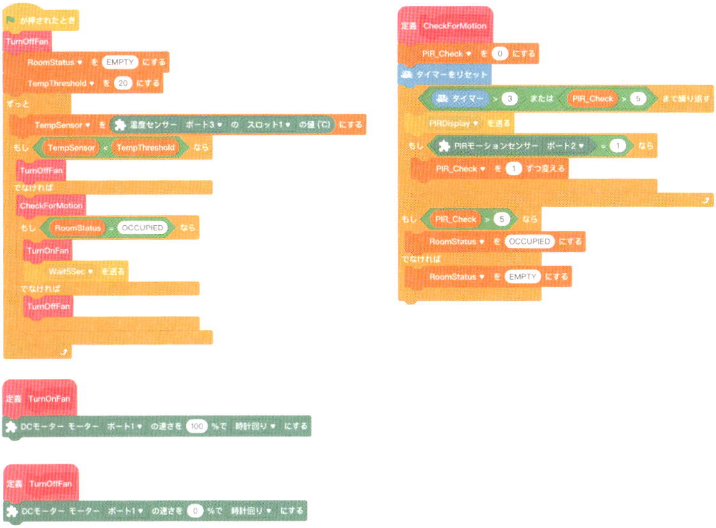

▲ mBotのコード

▲ スプライトのコード

図6-21｜動作の確認ができていないプログラムを1つにまとめてしまうと、エラーの原因を見つけて修正するのは困難です。

そのプロセスで行われている処理をわかりやすくするために、"CheckForMotion"をカスタムブロックとして独立させました。"CheckForMotion"は、PIRセンサーからのデータを3秒間、または5回モーションが検出されるまでのいずれか早いほうまでチェックを繰り返します。"PR_Check"値は、"CheckForMotion"が実行されるたびに0から始まり、PIRセンサーが1を出力するたびに増えます。"CheckForMotion"の終了時に、"RoomStats"変数は"Empty"または"Occupied"がセットされます。

プログラムを詳しく読んでいると、その機能を拡張する方法、あるいは異なった仮説でそれを作り直す方法がわかってくるでしょう。固定の温度のしきい値を使用するのではなく、小さなLEGOサイズのサーモスタットを使うときがあるかもしれません。オフとフルパワーの間で行ったり来たりする代わりに、現在の温度と理想的な温度の間の差がファンの強さを決定するはずです。Gary Stagerは、この即興的な問いかけプロセスを「…そしてそれから?」と名付け、複雑なタスクの予期しない落とし穴を見つけるための有効なフィルタであることを示唆しています。凝り固まった大人中心のタスクは、「…そしてそれから?」に対する優れた応答を返すことはめったにありません。その一方で、いくつかのグループの若い人たちに対する「…そしてそれから?」という質問は、プロジェクトを変化させかつ魅力的な方向に推し進めることができます。優れたプロジェクトでは、「…そしてそれから?」に対する興味深い答えがホワイトボードを埋めるでしょう。

6-3 大きなものを作ろう

前段で説明したように、mBotのプラットフォームは私達が非常に大きなものを作成することを可能にします。接続に2.4G無線モジュールまたはBluetoothを使用することで、mCoreまたはmBotを、PCまたはタブレットから遠く離れたところから操作できます。大型のリチウムイオンポリマー電池を使用し、プログラムをmCoreにアップロードすることで、私たちの作品は1時間から数日間独立して動作できます。

安価なカスタムケーブルを使えば、大きな部屋の天井や窓に沿ってセンサーやモーターを設置することができます。多くの点で、私たちはすでにmBotで「大きなものを作って」います。

いよいよ、「大きな」の中の最後のしきい値を超えて、大きな電力で作品を作るときが来ました。「2本の電線でモーターを接続する(2極モーター)」では、ファンやポンプなどを制御できるように、DCモーターをmCoreのモーター出力ピンに接続する方法を説明しました。これらのデバイスはみなとても小さく、mCoreの5V以下の出力によって簡単に電源が供給されていました。これはプロトタイプにはとても有効です。アイデアを探求し洗練させることは、実際の作業を行うよりも重要です。しかし、本物のキッチンに入っていきたいのであれば、もっと電力を必要とする機器を制御しなければなりません。

小さな電圧信号で大きな負荷を制御することは、Arduinoの世界ではよくあることです。すべてのマイクロコントローラーは3.3Vまたは5Vの電力で動作します。マイクロコントローラーを通してデバイスに電力を供給することは、そのデバイスによって使用されるすべての電力が同じ回路を通って流れなければなりません。より大きな電圧を制御するには、マイクロコントローラーからの信号に応じてより大きな電力の流れを制御するための別の部品が必要になります。

この広い世界には、与えられた入力であなたが使いたいデバイスを正確に制御することを可能にする選択肢があります、そしてCharles Plattの、今となっては古典的な『Make: Electronics: Learning Through Discovery, Second Edition』(Maker Media、2015年)*12よりもよい本はありません。フィジカルリレー、ソリッドステートリレー、およびトランジスターについての彼の実践的なウォークスルーは、すべてのメイカーにとって不可欠な経験となるでしょう。

教室では、特定のアプリケーションで頻繁に使用する部品を選びます。リレーやトランジスターを選ぶ際には、特定のタスクを実行するのに十分な容量のスイッチング回路を探すのではなく、広範囲の電圧を制

訳注*12　第1版の邦訳として『Make: Electronics ―作ってわかる電気と電子回路の基礎』(オライリージャパン、2010年)がある。

御できる部品をいくつか取り揃えています。確かに、この章で示されているシステムには、もっと効率的でおそらくもっと安価なソリューションがありますが、それは私たちの最大の関心事ではありません。私たちは若者に創造的な自律性を認めているので、私はむしろ、部品の引き出しを掘り起こすことよりも、信頼できるフレキシブルなツールを手元に作り上げることを望んでいます。

大きなもの——防災システム

子供が段ボールのキッチンでろうそくを使用していたときに安全上の心配をしていたならば、そのプロジェクトを実物大にするという考えはとても恐ろしいことかもしれません。子供たちに火の起こし方や管理の仕方を教えるための、すばらしく安全でより多くの力を与える方法はたくさんありますが、それらのレッスンはMakerspaceよりもキャンプのほうが適しています。

そこで、火を大きくするのではなく、出力を大きくすることに焦点を当てます。私たちは小さなポンプをやめて、庭のホースで動くスプリンクラーを作ります。水は重いので、大量の水を動かすにはそれ相当の量の電力が必要です。実際のほとんどのスプリンクラーシステムが水を押し出すために電気モーターを使用しないのはそのためです。防火システムは水圧に依存しており、火災の温度で溶解や破裂して開くバルブを使用しています。ソレノイド駆動プラグで水の流れを開始および停止する園芸用バルブは、私たちのプロジェクトのためのより良いモデルとなります。

このプロジェクトでは、12VのDC電源を使ってソレノイドを開く水制御システムを製作します。その大きさの電圧は私たちの小さなmCoreを飛ばしてしまうほどなので、私たちは外部の12V電源と物理的なリレーを使う必要があります。mCoreからの信号は、リレーに大きな電気回路をオン／オフするように指示し、それが次にバルブを制御します。

ミリ秒の応答速度の切り替えを必要としない大規模なDCプロジェクトの場合は、図6-22に示すような、SparkFunのBeefcake Relayボード[*13]を利用します。

図6-22 | SparkFunのBeefcake Relayボード

このボードはDC 28Vで最大3Aの負荷までスイッチできます。リレーそのものは最大20Aを処理することができますが、ボード上のネジ留め式端子や配線は大きな電流負荷に対する動作保障がされていません。Beefcakeはまた、220VのAC電源を切り替えることができるので、ほとんどの国の家庭用電源を処理することができますが、私たちは教室でBeefcakeを使用しません。予防措置を施したMakerspaceであっても、露出した端子と配線を持ったボードに家庭用電源を通すことは私をぞっとさせます。家庭用電源を制御する必要がある場合は、PowerSwitch Tailを使います。これは、この章の後半の実物大のファンプロジェクトで使用します。

訳注*13　https://www.switch-science.com/catalog/2802/

図6-23は、黒いプラスチック製ハウジングを取り外した状態のBeefcake Relayボードで使用されているリレーを示しています。読者のみなさんはカバーを外さないでください。プラスチックのカバーは、手が高電圧に触れるのを防ぎます。リレーは電磁石として大きな銅コイルを使用しています。電磁石に低電圧の電流が流れると、電磁石はスイッチを閉じて高圧回路ができます。電磁石に電流が流れなくなると、スイッチが解放され、高圧回路が遮断されます。

図6-23 | コイルはBeefcakeリレーの真ん中にあります。画像提供：sparkFun（*https://learn.sparkfun.com/tutorials/beefcakerelay-control-hookup-guide*）。画像はCC-BY-SAです（*https://creativecommons.org/licenses/by-sa/4.0/*）。

このコイルは、mCoreからLow Voltageと表示された側への信号で制御します。このリレーを使用して何かをオンにします。つまり、高電圧側のノーマリーオープン（NO）ピンを使用します。ノーマリクローズ（NC）動作とは、マイクロコントローラーが信号を送信する場合を除いて、デフォルトで回路が閉じられ、機器に電力が供給されることを意味します。私たちのスプリンクラーの設定では、NCリレーは家庭の火災と戦うときに水浸しになるので望まない方法です。

私は最初に、スプリンクラーバルブのMakerユーティリティーについて、Joey Hudyの古典的なマシュマロ砲プロジェクト（*https://makezine.com/projects/extreme-marshmallow-cannon/*）を考えました。

庭用バルブは、間にソレノイド制御ゲートがある2本のパイプ間のコネクタで構成されています。ほとんどがNCで、プランジャーが両側の間の流れを遮断し、それを開くには電流が必要です。自動園芸用スプリンクラーソレノイドは、24Vの交流電流（AC）を使用するように設計されていますが、短時間であれば12〜18VのDC電源で動作します。DC電源を使用するときのトレードオフは、ソレノイドに電力が供給されてバルブが開いているときに、より大きな電流が流れて余分な熱が発生することです。これは、パッケージ全体が芝生の下に埋められ、1度に30分開いたままになっているような場合に問題を引き起こす可能性がありますが、このプロジェクトのように短時間だけ開く場合は問題にはなりません。

このプロジェクトでは、Home Depot[*14]のスプリンクラー部品または小屋から回収されたスプリンクラー部品であれば問題なく機能しますが、私たちはSparkFunの12V DCソレノイドバルブ[*15]を使用します。このような軽量用途向けに作られているので、ガーデン用の部品よりすこし安価です。それはまた底が平らになっており、台に乗せやすくなっています。ガーデニングバルブは、作業面に置かずに、土に埋めるように設計されています。

私たちは、リレーを使用してソレノイドバルブへの電力を制御します［図6-24を参照］。リレーが接続され回路が閉じているときにのみ、電源からバルブに電流が流れ、バルブを開いて水が流れるようにします。

図6-25は、Makerspaceのスプリンクラー制御回路をどのように通すかの計画スケッチです。あなたが新しい道具や材料を使って作業しているとき、抽象化された回路図によって本当の課題が分かることがあります。電源プラグは何にも接続されておらず、細いワイヤーはバルブにハンダ付けされていませんが、このモデルは図面よりも実際に製作する回路に近くなっています。実際の部品でモデルを作ると、先生が間違いを指摘することが容易になります。

訳注*14　アメリカの有名なホームセンター

訳注*15　SparkFun ROB-10456 ソレノイドバルブ 12V（*https://www.sengoku.co.jp/mod/sgk_cart/detail.php?code=EEHD-4B55*）

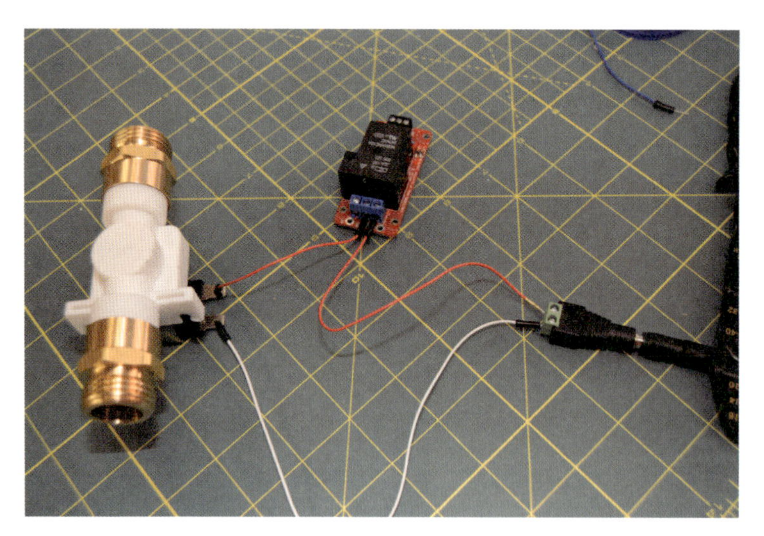

図6-24 | 12V電源、スプリンクラーバルブ、Beefcakeリレーボード間の電源回路

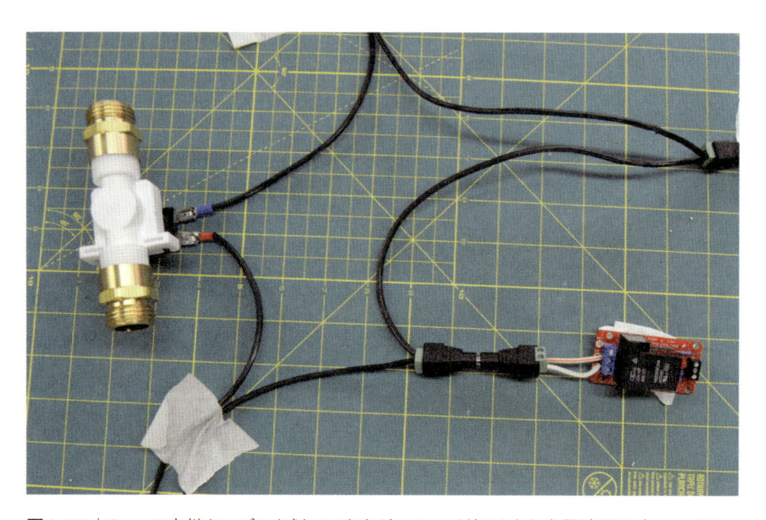

図6-25 | Garyの中継ケーブルと似ていますが、ソレノイドのような大電流用の太いワイヤーを使用します。

しかし、この段階では単なるモデルです。「製品」を作るには、もっと大きくて長いワイヤーが必要です。高電流負荷に適した太い線、リレーボード、水の流れるスプリンクラーヘッド、およびマイクロコントローラーの間に十分な距離が必要です。

このタイプの作品をフレキシブルにするために、図6-25に示すように、この章の冒頭で説明した小型のモジュラーケーブル接続を製作することをお勧めします。このプロジェクトでは、ネジ留め式端子に接続されたバレルプラグを使用しました。これらのプラグは子供たちにもなじみがあり、多くのストレスにも耐えます。

より長いワイヤーが役に立ちますが、リレーボードをもうすこし保護する必要があります。グループまたは教室の環境では、低電圧および高電圧の接続にアクセスできるように、プラスチック製食品容器に小さな穴を開けて、リレーボードを入れることがよくあります［図6-26を参照］。

図6-26 | 電源入力と制御線は、プラスチック製の容器の横にあけた小さな切れ目を通します。

これは防水ではありませんが、防滴構造です。このリレーを制御するために必要な唯一の部品は側面から出ているワイヤーだということは、形状から初心者ユーザーにもわかるでしょう。

これで、私たちの消火用スプリンクラーのコードを見直して、新しい部品用に変更する準備が整いました。おもちゃの家の規模では、mCoreはモーターポートを通してウォーターポンプに直接電力を供給しました。リレーボードは最小限の電流しか必要としないので、代わりにRJ25ポートの1つを使用して制御信号を送信します。

mBlockのmBotデバイスのすべてのブロックはmBot用のセンサーまたはアクチュエータ用に作られているため、特定の入力から値を取得したり、出力を高または低に設定するといったArduinoの一般的な制御を利用できません[図6-27を参照]。

そこで、mCoreはArudinoの派生ボードだということを、そしてmBlock5で選択できるデバイスの中にArduinoがあることを思い出してください。

ここからは、見慣れたmBotアイコンを離れてArduinoの世界に入っていきます。デバイスリストからmBotの代わりにArudinoを選んでください。

次に、ピンパレットにある「デジタルピン()を出力レベル()に設定する」ブロックを見つけます[図6-28を参照]。

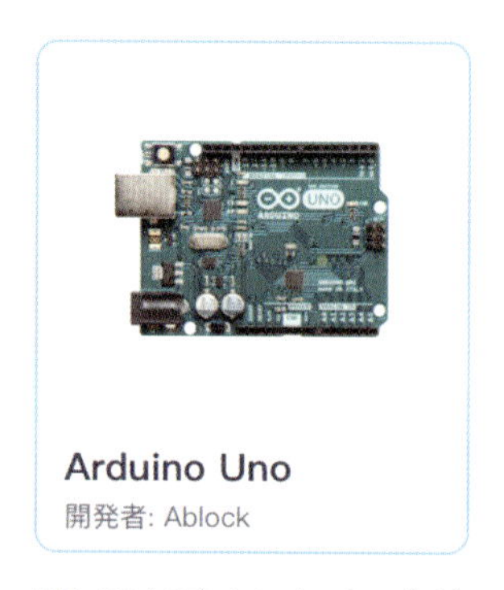

図6-27｜「デバイス」の中の「+追加」を選択するとArduinoが選択可能なデバイスとして表示されています。

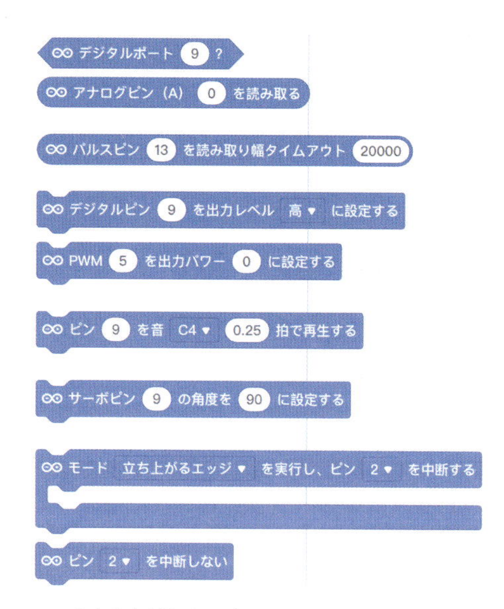

図6-28｜Arduinoの入出力を制御するブロックはピンパレットの中にあります。

mCoreのすべてのRJ25ポートには、2本のArduinoピン用のワイヤーがあります。RJ25ブレークアウトボードを使用している場合、これら2つのピンは2本の3線式接続点に分岐されます。mBlockプログラムでどのピン番号を使用するかを決めるには、RJ25ブレークアウトボードをmCoreのポートに差し込み、mCoreコネクタの後ろのラベルを確認します[図6-29を参照]。

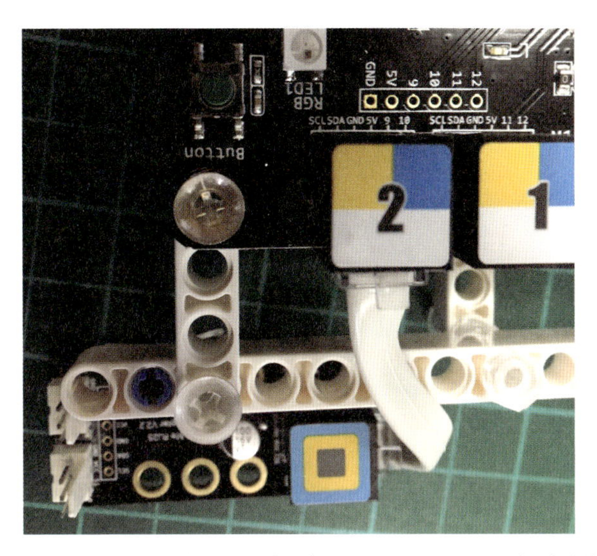

図6-29 | 各mCoreポートの後ろにピン名が表示されています。RJ25ボードがポート2に接続されている場合、スロット1は9ピンに接続し、スロット2は10ピンに接続します。

このコードでは、mCoreのポート2とRJ25ブレークアウトボードのスロット1から来る9ピンを使用しました。この例ではいずれのmCoreピンでも機能するのに、なぜデフォルト値を使用しないのでしょうか。これは、Beefcakeリレーボードに接続されている信号線がArduinoの9ピンに配線され、mCoreのポート2からRJ25ボードのスロット1に通っていることを意味します。

ほかにもいくつか変更を加える必要があります。「デジタルピン()を出力レベル()に設定する」ブロックの呼び出しは、“SprinklerON”および“SprinklerOFF”手順のDCモーターブロックに代わるものです。“SprinklerON”ではデジタルピン9出力を“高”に設定すると

DCモーターを動かす速さが100に置き換えられ、"SprinklerOff"ではデジタル出力を"低"に設定するとM1が0に設定されます。炎センサーの値はアナログ入力ですので、アナログ入力値を読み取るための「アナログピン(A) ()を読み取る」を使って読み取ります。炎センサーがポート3に接続されている場合、アナログピンの2(A2)から値を取得します。また、外でテストしているときにはPCのスピーカーで鳴らす音が聞こえにくいので、効果音を削除し、その代わりにmCore上のLEDを点灯するための「デジタルピン」ブロックを追加しています。

炎センサーがポート3に接続されている場合に、アナログピンの2から値が取得できることは、Makeblockが公開しているドキュメントから読み取ることができます。Me 炎センサーの資料(*http://docs.makeblock.com/diy-platform/en/electronic-modules/sensors/me-flame-sensor.html*)を見ると、RJ25の5番ピンにアナログ出力(AO)が接続されていることがわかり、mCoreの資料(*http://docs.makeblock.com/diy-platform/en/electronic-modules/main-control-boards/mcore.html*)からポート3(資料上ではJ3)にの5番ピンはアナログピンの2(A2)に接続されていることから、炎センサーをRJ25のポートアナログ出力は、アナログピンの2(A2)から取得できることがわかります。

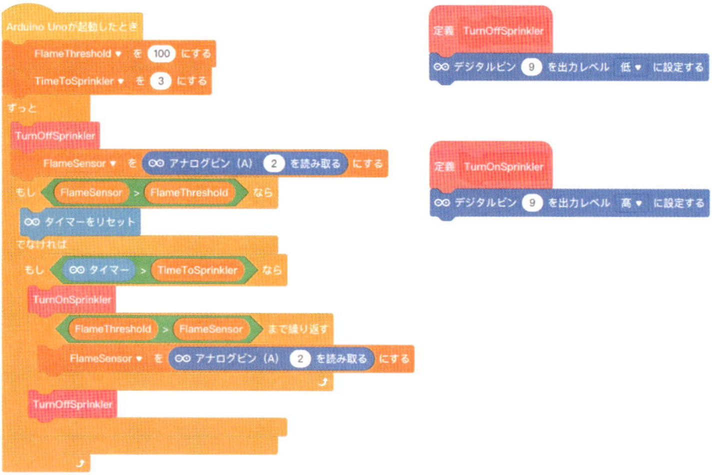

これで、このコードを使ってプログラムと回路の配線を確認できます。SparkFun Beefcakeリレーボードには、リレーの高電圧側が接続されていることを示す小さなLEDがあります。物理的なリレーもまた、はっきりとした心地良いクリック音を開閉時に鳴らします。これらの小さな視覚および音による合図は、リレーの設定をテストするときに役立ちます。ホースを取り付ける前に、配線とリレーの設定をテストしてください。

どのようにスプリンクラー、ホース、およびワイヤーを配置するかは、使用されるハードウェアよりも、水のかかるスペースによって大きく異なります。バルブとホースまたはコネクタのねじに注意してください。コネクタのサイズが同じでも、パイプをつなぐには通常のガーデンホース用のアダプタが必要です。必要な部品は多くのホームセンターで入手できます。

図6-30は、写真に収まるようにわざと近くに配置した配管機器と電子機器の接続状態のフルセットです。実際には電子機器をホースやバルブの近くに置かないでください。予備テストを実行したときも、mCoreは水から離したタオルの下に置かれていました。

コンポーネント間にもうすこしスペースを作って、テストプログラムを実行します。リレーが作動してから水の流れが開始／停止するまでのタイムラグを調べます。リレーに過負荷をかけずに十分な水しぶきを発生させるスプリンクラーの時間間隔を選択したら、炎センサーを取り付けておもちゃの家のスプリンクラープログラムをいよいよアップデートするときです。

炎センサーをどこにどのように取り付けるかは、スプリンクラーの設定とテスト方法に完全に依存します。しかし、炎センサーが乾いたままにすることが重要です。湿ったセンサーは予測できない測定値を生成するだけでなく、炎センサー回路はmCoreの一部です。飛び散る水滴がmCoreをショートさせ、運が良くてもヒューズをトリップしてボードの電源を切る可能性があります。センサーの上に粘着フィルムを貼ることは安全対策として非常に優れています。防水ではありませんが、数滴の誤って落ちた水滴に対する適切な防護壁として機能します。

図6-30｜RJ25ポートに接続されているmCoreと電池は、防滴容器に収められたBeefcakeリレーボードに接続されています。

デバイスとしてArduinoを使用した場合の弱点は、テザーモードが使えないことです。mBotとして動作させていた場合には、テザーモードでセンサーの値をPCに表示させたり、プログラムの変更をリアルタイムに反映させられましたが、Arduinoとして利用している場合には、値をPCに表示できませんし（厳密には可能なのですが、そのためにはここで取り組んでいること以上の努力が必要です）、プログラムを変更した場合には、都度アップロードする必要がありますので、動作の確認、プログラム変更、アップロードを何度か繰り返して動作を確認する必要があるでしょう。

これらの作業を繰り返して、炎センサーが期待どおりに動作するように"FlameThreshold"の値を調整してください。広角センサーのおかげで、このセットアップ例では地上1mから2.4mの範囲で炎を検出します。さぁ、スタッフを集めて、そしてテストする準備をしましょう！図6-31と6-32はテスト前と後の図です。

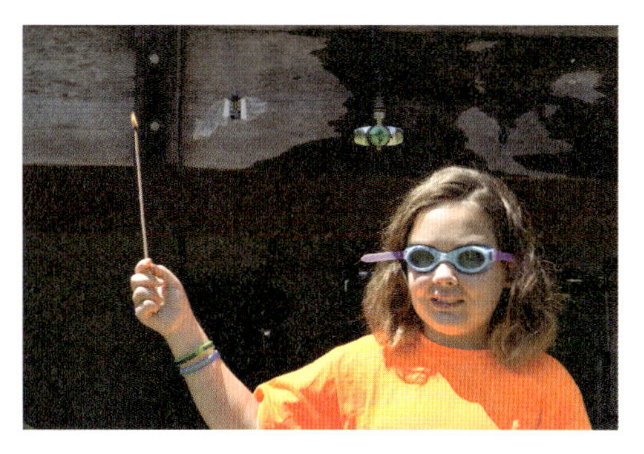

図6-31 | 火を持って待っています…

図6-32 | 動きました！

このスプリンクラーの設定はおもちゃの家の防災システムから生まれてきましたが、そこで終わる必要はありません。あなたは今、みんなを水浸しにするための条件をプログラムする能力を持っています！ おそらく、あの教室用音量メーターは受け身すぎました。うるさいやつらをずぶ濡れにしてやれ！ たぶんバルーンジャンプは負けたチームをびしょぬれにすることで終わるべきです。可能性は無限大…で、ずぶ濡れです。

大きなもの──リビングルーム用の自動ファン

リレーとホースに格闘したあとは、PIR温度ファンプロジェクトの規模を大きくすることははるかに簡単なはずです。PIRセンサーは広い感知範囲を持ち、部屋の大部分を簡単にカバーできます。温度計を隠すことは、段ボール箱よりも実物大のほうが簡単です。このプロジェクトの規模を拡大することは、もっと長いケーブルを追加するだけのことのようです。

120mmのPCファンでさえ、平均的な人間の部屋に影響を与えるほど十分な空気を動かすことはできません。ただし、ボックス、机、および振動室のファンは、直流ではなく交流モーターによって駆動されます。これらのモーターは、大きく回転させ大量の空気を動かすため、各国の家庭用電源[*16]に直接接続します。

家庭用電源はとても危険です、致命的に。原則として、私たちのMakerspaceは、コンセントから出てくるもの、いわゆる家庭用電源では使いません。それは人間をフライにするかもしれないだけでなく、これまでに見てきたロボットやモーターのすべてを消滅させるでしょう。家庭用電源はあなたの友達ではありません!

室内サイズのファンには家庭用電源が必要です。スプリンクラープロジェクトで使用されているSparkFun BeafCakeのような大きなリレーは交流110Vをスイッチできますが、私たちは子供たちと一緒にそれらを使用しません。露出した配線やネジ留め式端子に触れたときに感電することで命を失うことはないでしょうけれど子供たちのいる環境では避けるべきです。

代わりに、図6-33に示すPowerSwitch Tailを使用します。これは、大電流リレーを従来のACアダプタの中に入れたものです。

PowerSwitchの入力は、リレーと交流電源回路から完全に絶縁されています。これで、子供たちが家庭用電源で作業することに対する不安を解消できるとは言えませんが、プロジェクトを推進するには、十分です。予算に配慮した電気技術者にとって、mCoreを使用して大き

訳注*16　米国では110V

なファン、トースター、またはヘアドライヤーを制御するためのはるかに安価な方法はありますが、私はこれらに余分なお金を使うほうが、はるかにまくらを高くして眠れます。

図6-33 | このPowerSwitch Tailは、米国110Vの壁電源で使用するように設計されています。220V規格を使用する国に適したプラグを備えた別のバージョンもあります。

PowerSwitch Tailは、RJ25拡張ボードを使用して、他のリレーと同じようにmCoreに接続されます。PowerSwitch Tailの低電圧側は光絶縁されているため、高圧回路と低圧回路の間に物理的な接続はありません。その代わりに、2つの回路をつないでいるのは小さなLEDと光センサーです、これはmCoreのオンボードセンサーとも異なります。このような設定のため、5V線ではなく、RJ25ボードからの信号とグラウンドのみを接続する必要があります。図6-34に示すように、信号線を+(プラス)入力ピンに、グラウンドを−(マイナス)入力ピンに接続し、PowerSwitch Tailの接地ピンは空けておきます。

BeefCakeと同様に、Arduino拡張のデジタルピンブロックを使って、特定のピンを高または低に切り替えます。PowerSwitch Tailの信号LEDは、リレーがつながっているときに点灯します。PowerSwitch Tailは、ケーブルをハックしなくても、ルームファンと家庭用電源の間にきちんと並べて配置され、mCoreは家庭の照明やファンを制御できるようになりました。

図6-34 | BeefCakeリレーとは異なり、PowerSwitch Tailは信号線とアース線のみが接続されていなければなりません。RJ25ボードの使われていない5V線を保護しておきます。

PowerSwitchが設置されているときの一番の課題は、おもちゃの家の部屋の物理的な設定を実際に再現することです。超長い延長ケーブルが絶対に必要となります。ミニチュアモデルと同じように、気流が温度計の温度を下げていることを確認するときに必要になります。また、PIRセンサーとファンのタイマーもかなり長くする必要があります。現実の世界は大きく、ものが動くのに時間がかかります!

これらのプロジェクトは、mBotの機能をキットに入っているものをはるかに超えて拡張できる1つのやり方を示していますが、それだけではありません。mBotは、扱いやすく敷居の低いプログラミングおよびロボット工学プラットフォームとして、小学校および中学校の教室に入ってきました。中学校や高校になっても彼らが使われ続けているのは、Arduinoプラットフォームのすべてを扱いやすくパッケージ化しているためです。Make:で見つけられるArduinoプロジェクトのほとんどは、mCoreで動かせます。

付 録

mBlock3での接続について

Bluetoothの接続（Windows編）

Bluetoothモジュールが装着されているmCoreの電源を入れmBlockを起動します。PCのBluetoothを有効にして、[接続]メニューの[Bluetooth]>[検出]の順にクリックします。

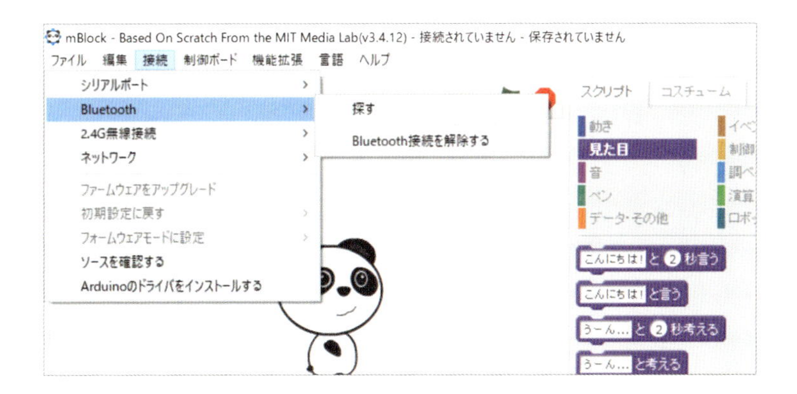

PCがBluetoothモジュールを検出すると、そのBluetoothモジュールの固有のアドレスが次の画面に表示されます。

そのデバイスを選択すると、次の画像のような確認メッセージが表示されます。これでプログラミングを始める準備が整いました！

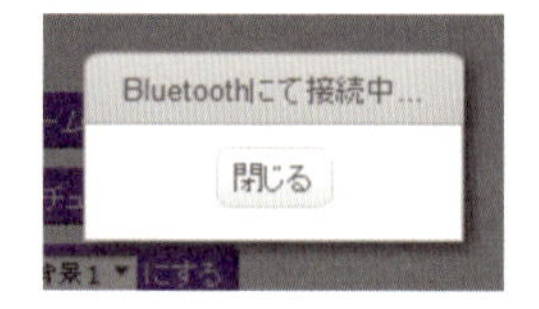

Bluetoothの接続（MacOS編）

まずPCとmBotをBluetoothでペアリングする必要があります。システム環境設定のBluetoothパネルを開きます。mBotの電源を入れると、Bluetoothコントロールパネルに"Makeblock"という新しい項目が表示されます（固有アドレスが表示されることもあります）。

新しいデバイスでペアを選択します。そのデバイスは「未接続」と表示されますが構いません。

その状態でmBlockに戻り、Connectメニューを開きます。メニューの中からBluetoothではなく、シリアルポートのサブメニューを開き、`tty.Makeblock`エントリを選択します。シリアルメニューの中にBluetoothという単語の含まれる2つの項目がある場合、`/dev/tty.Makeblock-ELETSPP`を選んでください。

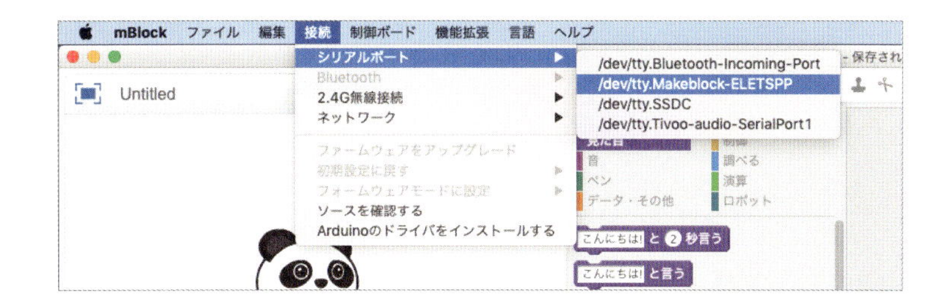

/dev/tty.Makeblock-ELETSPPの項目に小さなチェックマークが表示され、ウィンドウのタイトルに「シリアルポート接続した」と表示されます。

2.4G無線の接続

2.4G無線モジュールはUSBドングルと購入時にあらかじめペアの設定がされています。

モジュールとドングルのペアが混ざらないようにmBotのフレームにベルクロでドングルを取り付けましょう。もしくは教室用にペアのわかるステッカーやシールで目印を付けるのもいいですね。

mBotの電源を入れた時点では、通信モジュール上の青いLEDは点滅していますが、ドングルと接続されると常時点灯します。

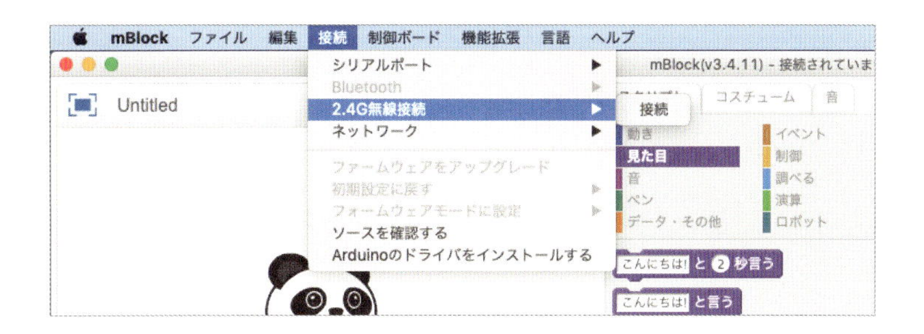

もし、ペアがわからなくなった場合は、USBドングルとモジュールを強制的にペアリングすることも可能です。USBドングルをPCに接続し、mBotの電源を入れ、USBドングルのボタンを長押しします。しばらくするとUSBドングルの青色のLEDが点滅から常時点灯に変わります。

ただし、新しいペアができたということは、他の2つのペアが揃わなくなることを意味しますので、まずは混ざらない工夫をするといいでしょう。

USB接続

mBlock3でのmCoreのUSB接続には2つの注意点あります。

ひとつは、mBlock5と同様にボード上の電源スイッチをオンにする必要があります（詳しくはmBlock5の説明の82ページを参照）。

もうひとつは、接続メニューの「Arduino Driverをインストール」の項目で、mBlock内からプラットフォーム用のCH340 / CH341ドライバーをインストールします。インストールには管理者権限が必要です。これは、mCoreへの有線USB接続を使用する場合にのみ必要です。CH340 / CH341ドライバーはArduino互換ボードでは一般的なので、他にも同様のボードをお使いの場合すでに入っているかもしれません。

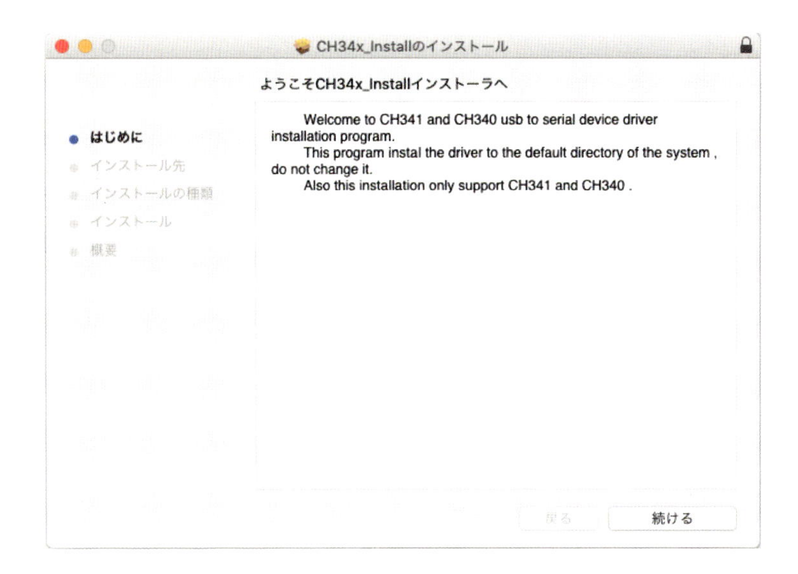

mCoreをPCに接続、電源スイッチをオンすると、メニューから適切なシリアルポートを選択して接続します。Windowsマシンでは、これはCOMxになります。Macでは/dev/wchusbserialXXXXという形式になります。

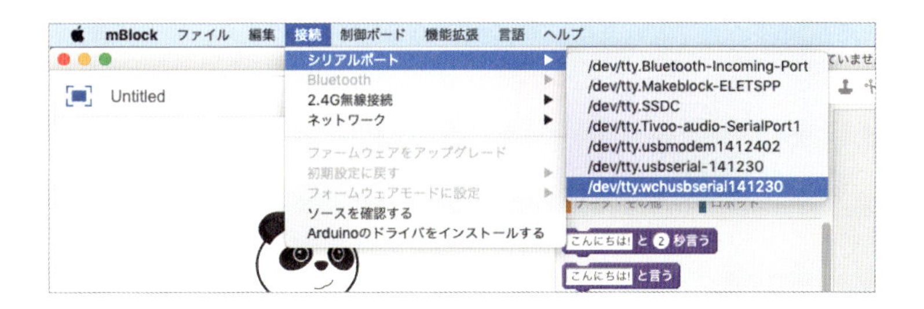

訳者あとがき

2014年のMaker Faire Tokyoに出展していた私たちのブースに、Makeblockのメンバーが訪ねてきました。私が子供向けにScratchを熱心に使っているということを聞きつけ、彼らの製品の体験会に招待してくれ、そこにあったのが試作中のmBotやMakeblockのロボットでした。そうした交流をきっかけに開発環境のmBlockの日本語化を手伝い、その後日本でも見かける機会が増えましたが、同時に本書にもある付属のリモコンとプリセットのプログラム以上に進む際は、どうしたら良いのかという戸惑いを感じているユーザーも少なくないようで、気がかりに感じていました。

ひとつの完成図が示され、それがすべてだと受け止めてしまうことはよくあることですが、たとえばLEGOのブロックをパッケージに示された形で何年も遊び続ける子供がいないように、愛嬌あふれるmBotの姿もあるひとつの側面なんだと気がつくためのヒントが本書には揃っています。本書が、多くのmBotユーザーやこれから楽しむ人に届き、ものづくりから学ぶことの楽しさを一層引き出すきっかけとなればうれしいです。

倉本大資

2年前（2017年）アイルランドのダブリンで開催されたCoderDojo主催のプログラミング作品展示イベント“Coolest Project”に参加した時、最も印象に残った作品が2人の女の子のチームが作ったmBot（mCoreと周辺部品というべきか）ベースのロボットアームでした（*https://youtu.be/sncgnIOP2a8*）。私はそのロボットアームを見て「mBotはものづくりのプラットフォームだ」ということを強く認識したのです。

それから2年が経った今、まさしくmBotをものづくりのプラットフォームとして使うための本に関われていることに運命を感じています。

この本は、1章でmBotに付属の取扱説明書よりも詳しく組み立て方を説明しながら、最後にはmBotの世界を飛び出すまで「mBotをただの車型ロボットで終わらせない」ための具体的且つ実践的アイデアが満載です。みなさんには、この本のレシピに沿って作るのではなく、これらのアイデアにインスピレーションを得ながらオリジナルの「車型ロボットでない」mBotの世界を楽しんでいただければと思います。

最後になりましたが、本書の出版にあたって多大なるご協力をくださいましたオライリージャパンの関口伸子さんと編集をサポートしてくださいました石川耕嗣さんに、深く感謝申し上げます。お二人の力添えがなければ、この本を出版することはできませんでした。

若林健一

索引

数字

A

B

C

D

E

F

G

H

I

J

L

M

N

P

R

S

T

U

V

Z

あ行

か行

さ行

た行

な行

は行

ま行

ら行

わ行

〔著者紹介〕

RICK SCHERTLE（リック・シャートル）

20年以上にわたり中学校で教鞭をとり、現在はカリフォルニア州サンノゼのSteindorf K-8 STEAM SchoolでMaker Labを運営し、長年Maker Faireに関わっている。彼はMake: Magazineのために、圧縮エアロケットに関する2008年の第15巻の最初の記事を含め、約24件の記事を執筆。また、著作に『Planes, Gliders and Paper Rockets』（Maker Media、2015年）。AirRocketWorks.comの共同設立者でもある。

ANDREW CARLE（アンドリュー・カール）

K-12学校で15年間教鞭をとる。2010年に北バージニア州のFlint Hill Schoolでプログラミングと数学を教えながらMakersプログラムを立ち上げた。2014年、Chadwick Internationalの学校全体のメイキング&デザインプログラムを拡大するため、韓国に移住した。数々のMaker FaireやMakeEd.orgのほか、National Association of Independent Schools（NAIS）、Virginia Society for Technology in Education（VSTE）、International Society for Technology in Education（ISTE）などに登壇し、スタンフォード大学のTransformative Learning Technologies Labのシニア・ファブリーン・フェローに選出された。

〔訳者紹介〕

倉本大資（くらもと だいすけ）

1980年生まれ。2004年筑波大学芸術専門学群総合造形コース卒業。2008年よりScratchを使った子供向けプログラミングワークショップを多数実践。2018年退職まで社会人向けeラーニングの製作会社に勤務の傍、現在は主な業務として自身の運営するプログラミングサークル「OtOMO」の活動、プログラミング教室TENTOへの参画など、子供向けプログラミングの分野を中心に活動中。創作活動の経験からものづくりの視点を大切にしている。
著書に『小学生からはじめるわくわくプログラミング2』（日経BP、共著）、『使って遊べる！Scratchおもしろプログラミングレシピ』（翔泳社）、雑誌『子供の科学』で「micro:bitでレッツプログラミング」の連載を担当。

若林健一（わかばやし けんいち）

PCブームだった1980年代に初めて買ってもらったPC MZ-2000でBASICをおぼえ、社会人になってからは電機メーカーでソフトウェア開発を担当したことで、組み込みからウェブまでソフトウェアの世界にどっぷりはまる。
現在は、子供たちとプログラミングを楽しむコミュニティ「CoderDojo」を奈良で運営しており、子供たちにプログラミングとモノづくりの楽しさを知る場づくりを行っている。
最近の関心事は「人」、特に若い人。若い人が社会に出られるように育成し、若い人たちが幸せに暮らせる社会の地ならしをすることに取り組んでいる。

mBotでものづくりをはじめよう

2019年　7月25日　初版第1刷発行

著者：　Rick Schertle（リック・シャートル）、Andrew Carle（アンドリュー・カール）
訳者：　倉本 大資（くらもと だいすけ）、若林 健一（わかばやし けんいち）

発行人：　ティム・オライリー
編集協力：　石川 耕嗣
カバーイラスト：　STOMACHACHE.
カバーデザイン：　中西 要介（STUDIO PT.）
本文デザイン：　寺脇 裕子
印刷・製本：　日経印刷株式会社

発行所：　株式会社オライリー・ジャパン
〒160-0002 東京都新宿区四谷坂町12番22号
Tel（03）3356-5227　Fax（03）3356-5263
電子メール japan@oreilly.co.jp

発売元：　株式会社オーム社
〒101-8460 東京都千代田区神田錦町3-1
Tel（03）3233-0641（代表）　Fax（03）3233-3440

Printed in Japan（ISBN 978-4-87311-879-6）